Impressum

HEEL Verlag GmbH
Gut Pottscheidt
53639 Königswinter
Telefon 0 22 23 / 92 30-0
Telefax 0 22 23 / 92 30 26
Mail: info@heel-verlag.de
Internet: www.heel-verlag.de

3. Auflage, 2021

Verantwortlich für den Inhalt:
Klaus Dinger

Lektorat:
Jürgen Schlegelmilch

Fotonachweis:
Archiv Klaus Dinger, dpa picture alliance (1)

Titelfoto:
HEEL Verlag

Lithographie, Satz und Gestaltung:
gb-s Mediendesign, Königswinter

Printed in Slovakia

ISBN: 978-3-86852-887-9

Die Großuhr

Pendule, Regulator & Co.

Technik, Geschichte, Instandhaltung und Reparatur

Klaus Dinger

Die Uhr, sie misst die Stunde,
die Sonne teilt den Tag,
doch was kein Aug´ erschaute,
misst uns'res Herzens Schlag!
(F. Grillparzer)

… so widme ich dankbar dieses Buch meiner
Frau Margrit, die mit mir Zeit und Herzschlag teilt.

Herrn Uhrmachermeister Wilfried Wenning aus Duisburg danke ich für die vielen guten Gespräche, Hinweise und die fachliche Durchsicht des Manuskriptes.

Bernhard, der mich ermutigte dieses Buch zu schreiben, aber dessen Fertigstellung nicht mehr erleben durfte, werde ich nicht vergessen.

Inhalt

Seite

Betrieb und Instandhaltung 90

Der Weg zu genauem Gang 118

Betriebsstörungen und Abhilfe / Hilfethemen 131

Die Sache mit Chronos

Mein Großvater besaß drei Dinge, die mir unerhörten Respekt einflößten: Eine Sprungdeckeltaschenuhr, eine Wanduhr aus der Gründerzeit und einen metallenen Rasierapparat, der nach der Entnahme der Rasierklinge aus drei Teilen bestand. An diesem Rasierapparat absolvierte ich wohl die ersten Montageübungen meines Lebens. War Großvater mit Rasieren fertig, nahm er die Rasierklinge heraus, und ich durfte die Einzelteile wieder zusammenschrauben, was für längere Zeit meine Lieblingsbeschäftigung gewesen sein soll.

Die Taschenuhr, die Großvater nur beim Verlassen des Hauses und zu besonderen Anlässen anlegte, hätte ich sicher auch gerne näher untersucht. Doch hier blieb es bei wohldosierten aber glücklichen Gelegenheiten, in denen er mir das hinter dem geheimnisvollen Innendeckel verborgene und schwer zugängliche Räderwerk zeigte. Während ich dann einen kurzen Blick auf die spiegelblank polierten Rädchen und Schräubchen werfen durfte, wies Großvater stets bedeutungsvoll auf das Herz der Uhr hin, die goldschimmernde „Unruh“, wie sie mit zartem „Ticketicke“ ihre Arbeit verrichtete.

Dass ich bei dieser Prozedur den Atem anhalten musste, damit nur ja kein Stäubchen in das feine Räderwerk käme, erhöhte die Spannung dieser Aktion enorm.

Die Wanduhr mit dem schönen Jugendstilzifferblatt hatte ein Pendel mit einer großen aus Messingblech geprägten Pendellinse, die hin und wieder von der Großmutter mit Sidol auf Hochglanz poliert wurde. Dann trat ein dort eingeprägter schnauzbärtiger Greisenkopf mit Hirtenstab und Sanduhr glanzvoll in Erscheinung: „Das ist Chronos, in der griechischen Sagenwelt der Gott der Zeit, ein Symbol für die Vergänglichkeit“. Auf mich wirkte dieser Chronos wie der Wächter über den Beginn und das Ende meiner Schularbeiten, die ich vor seinem bedenklich hin und her schwingenden Angesicht tagtäglich zu verrichten hatte.

Jahre später wollte Chronos nicht mehr. Als technisch interessierter Endteeny hatte ich die Sache sofort erkannt: Ein Reinigungsproblem! Rasch war das Werk ausgebaut, waren die Vorsteckstifte der Werkplatine gelöst, war der Anker entfernt – doch da meldete sich plötzlich Chronos zu Wort, der offensichtlich noch unvermutete Kräfte besaß! Es war ein sehr kurzer, aber um so deutlicherer Kommentar zu meinem Tun: „Krrrrrtsch!!“ Das

Ergebnis: An beiden Federhäusern abgebrochene Zähne und an nachgeschalteten Zahnrädern „Karies" schlimmsten Ausmaßes!

Die so ungewollt zur „Standuhr" mutierte Wanduhr verschwand alsbald auf dem Dachboden und geriet dort in Vergessenheit, bis ich sie später aus dem Nachlass erbte.

Gerne hätte ich diesem Erinnerungsstück an die herrliche Zeit bei meinen Großeltern jetzt in eigener Wohnung einen Ehrenplatz gegeben, aber eine Reparatur erwies sich als so gut wie unmöglich, und die Nachfrage bei Uhrmachern um passende Ersatzteile verlief natürlich enttäuschend. So bereute ich meine Jugendsünden um so mehr. Ein neues Uhrwerk schien mir nicht die richtige Alternative, wollte ich Chronos doch im Original wieder zum Leben erwecken.

So gab ich nicht auf und belagerte so ziemlich alle Uhrmacher in meiner Umgebung, bis sich dann doch einer auf ein intensiveres Gespräch einließ und mich schließlich mit in seine Werkstatt nahm. Nach dem Hinweis auf die dem Objekt unangemessen hohen Kosten für eine derart aufwändige Reparatur taxierte er mich eine Weile über den oberen Brillenrand hinweg und dann hatte ich die erste Hürde genommen: „Wenn Sie handwerklich geschickt sind, schaffen Sie es vielleicht selbst." Dem folgte schließlich eine sehr ausführliche Instruktion über die fachmännische Implantation einzelner Zähne und ganzer Zahnsegmente – und heute mahnt Chronos wieder, inzwischen mehr als dreißig Jahre lang ununterbrochen, dass die Zeit eilt.

Heute bin *ich* der Großvater, der seinen begeisterten Enkeln den alten Schnauzbart mit Hirtenstab und Sanduhr in der Hand erklärt; und dabei schwingt die Hoffnung mit, dass dem ehrwürdigen Chronos auch noch in den nächsten Generationen eine gute Zukunft beschieden ist.

Mit Chronos fing also – wie bei den alten Griechen – alles an. Das Interesse an alten Uhren war geweckt. Eine überschaubare Sammlung schöner alter Uhren füllt heute einen großen Teil der Wohnung und natürlich auch meiner Freizeit aus. Das dabei unvermeidliche „Lehrgeld" hielt sich dank der Hilfen eines gleichgesinnten Uhrenfreundes in Grenzen, und die in den Jahren erworbenen Kenntnisse und Fertigkeiten in mancherlei Reparatur- und Wartungsarbeiten versetzten mich schließlich in die Lage, manch defekte Uhr zu kaufen und zu restaurieren. Allein die Fähigkeit, einen Defekt erkennen und die Chancen einer Reparatur einschätzen zu können, waren für mich als Sammler mit begrenztem Budget recht ideale Bedingungen.

Oft werde ich im Bekanntenkreis um Rat gefragt, wenn es Probleme mit einer alten Uhr gibt. Viele der auftretenden Fragen hätte früher, als der Umgang mit mechanischen Uhren noch jedermann geläufig war, jedes Kind beantworten können. Das ist heutzutage anders. Selbst Händler auf

Antikmärkten tun sich da oftmals sehr schwer, ihren Kunden die richtigen Instruktionen zu der gerade erworbenen Uhr zu geben. Manch gute Uhr erleidet so unnötigerweise ein zu frühes Ende.

So ist es nun meine Absicht, Ihnen, die Sie vielleicht noch nicht besonders fachkundige, so aber doch stolze Besitzer oder hoffnungsfrohe Erwerber schöner alter Uhren sind, auf der Basis eines umfassenden, systematischen Einblickes in die Funktion und Wirkungsweise alter mechanischer Uhren die Erfahrungen bezogen auf Probleme der Handhabung, Wartung und Instandhaltung einschließlich kleinerer Reparaturen weiterzugeben.

Meine Tipps sollen zum Erhalt der Gesundheit ihres taktvollen Mitbewohners beitragen und beschreiben, was Sie in dessen Krankheitsfalle selber tun können, bevor Sie ihn eventuell doch zu stationärer Behandlung fortgeben müssen.

Bedenken Sie, alte Uhren sind Zeitzeugen menschlichen Erfindergeistes. Sie haben in der Regel das Auf und Ab im Leben mehrerer Generationen begleitet und – wie ich meine – es verdient, gepflegt und erhalten zu werden. Schließlich stellt eine altehrwürdige Uhr, von Generation zu Generation weitergegeben, neben dem materiellen auch einen ideellen Wert dar, den es zu erhalten gilt.

Vorwort zur zweiten Auflage

Die erfreuliche Resonanz auf dieses Buch ermöglichte die nun vorliegende zweite Auflage, die mit einigen wenigen Änderungen und Ergänzungen auskommt. So ist beispielsweise noch ein kleines Kapitel, das sich dem Problem des Spiels zwischen Minutenrohr und Welle widmet, als Hilfethema hinzugekommen; und die Diagnoseschlüssel sind jetzt mit den Seitenangaben zu den jeweiligen Hilfethemen sicher noch praktikabler geworden.

So wünsche ich Ihnen weiterhin viel Freude und Entspannung beim Umgang mit schönen alten Uhren und diesem Buch.

Duisburg, Juni 2018
Klaus Dinger

Einführung in die Uhrenkunde

Beim Verfassen dieses Kapitels hatte ich zuerst vor, den Gepflogenheiten entsprechend einen historischen Überblick über die Zeitmessung voran zu stellen. Ich glaube jedoch, dass sich die überwiegend technisch / physikalisch zu beschreibende Entwicklungsgeschichte wesentlich interessanter und dem Anspruch dieses Buches entsprechend kürzer darstellen lässt, wenn grundlegende Kenntnise über mechanische Uhren schon im Vorfeld vorhanden sind.

Verschaffen wir uns also zuerst einen Einblick in das allen mechanischen Uhren zugrunde liegende Wirkungsprinzip, und erfahren Sie dabei, wie Ihre Uhr – im wahrsten Sinne des Wortes – „tickt". Das festigt die Freundschaft zu Ihrer Uhr und kann Sie eventuell vor folgenschweren Missverständnissen bewahren. So ist längst nicht jede Uhr defekt, die nicht mehr laufen will. Ich habe schon so manche „defekte" Uhr wie *Uri Geller* zum allgemeinen Erstaunen wieder zum Leben erweckt, und das können Sie auch!

Wie eine mechanische Uhr tickt und schlägt

Werfen wir einen Blick in das Uhrwerk einer französischen Pendule (Abb.1).

Das Zifferblatt zeigt nach links; wir erkennen deshalb nur die Rückseite. Die Ziffer **(1)** bezeichnet das so genannte Federhaus. In ihm befindet sich die spiralförmig gewundene Zugfeder, die aufgezogen unter Spannung stehend dem Federhaus ein Drehmoment verleiht. Das teilt sich über den kräftigen Zahnkranz dem Trieb eines Zwischenrades **(2)** mit, welches dann direkt das Minutenrad antreibt, dessen Welle durch das Zifferblatt führend den Minutenzeiger trägt. Der würde sich nun schnell wie ein Propeller drehen, wäre das Minutenrad nicht über ein weiterführendes Räderwerk mit einer Hemmung verbunden, die das Räderwerk bei stillstehendem Pendel blockiert. Bei dieser Uhr besteht die Hemmung aus einem auf der Welle der Pendelführung **(3)** befestigten Anker **(4)** und dem Hemmrad **(5)**, das der Anker stets mit einem seiner beiden Haken festhält. Schwingt jedoch das Pendel **(6)** und mit ihm auch der an der Pendelführung befestigte Anker, gibt dieser das Hemmrad bei jeder Schwingung um einen Zahn frei, worauf dann das gesamte Räderwerk jeweils um einen kleinen Schritt weiter rückt. Das Pendel steuert somit über seine Schwingungsdauer den Ablauf des Uhrwerkes so, dass die Minutenwelle in 60 Minuten eine ganze Umdrehung macht.

Abb. 1: Gehwerkseite einer französischen Pendule

Das Pendel bekommt zum Aufrechterhalten seiner Bewegung bei jeder Schwingung über den Anker einen Impuls, der den Reibungswiderstand in den Lagern der Ankerwelle, den Widerstand in der Pendelaufhängung und den Luftwiderstand des schwingenden Pendels kompensiert.

Haben Sie sich einmal mit dem Funktionsprinzip irgendeiner Uhr vertraut gemacht, wird es Ihnen mit der Zeit kaum schwer fallen, andere Systeme zu erforschen und zu durchschauen. Das macht nicht nur Spaß, sondern ist natürlich Voraussetzung, will man selbst einmal Hand an eine Uhr legen, sei es, einen Fehler zu finden oder erst recht natürlich, um diesen Fehler selbst beheben zu können. Für einen Uhrensammler mit begrenztem Budget ist das natürlich extrem wichtig, kann er doch auch heute noch ab und an auf entsprechenden Märkten ein defektes Schätzchen günstig erwerben, das sich dann nach erfolgter Reparatur stolz in seine Sammlung eingliedern oder auch mit Sammlergewinn wieder veräußern lässt.

In diesem Sinn möchte ich Sie nun mit den drei Grundelementen vertraut machen, die Sie in jeder mechanischen Uhr, von der frühesten Eisenuhr der Gotik bis hin zu den modernen Chronometern der heutigen Nobelmarken wiederfinden werden.

Die Grundelemente eines Uhrwerkes

Mit den Erkenntnissen aus dem vorausgegangenen Einblick in das Gehwerk einer französischen Pendule wird Ihnen die in der Überschrift angedeutete Aufteilung in diese drei hauptsächlichen Grundelemente mechanischer Uhrwerke vielleicht schon klar geworden sein.
Es sind:

1. Der **Energiespeicher**, der die für den Gang der Uhr erforderliche Antriebskraft liefert;
2. das **Räderwerk**, welches die Antriebskraft in die Bewegung der Zeiger umsetzt;
3. die mit einem Schwingsystem gekoppelte **Hemmung**, die den gleichmäßigen Ablauf des Räderwerkes zur korrekten Zeiteinteilung steuert.

Der Energiespeicher

In dieser Welt bewegt sich nichts, was nicht vorher durch eine Kraft in Bewegung gesetzt worden wäre. Somit muss sich diese Ursache einer jeden Bewegung also auch in unserer Räderuhr befinden, sollen doch Zeiger in Bewegung gesetzt werden, deren zurückgelegter Weg uns dann als Relation zur verstrichenen Zeit auf einer Skala des Zifferblattes sichtbar angezeigt wird. Diese Kraft wird als Drehmoment, also in der Form einer an einem Hebel angreifenden Kraft von außen in das Uhrwerk hineingebracht.

Das geschieht z.B. mit einem Schlüssel und der an seinen Flügeln wirkenden Kraft der Hand oder mit einer Aufzugskurbel, die mit einer an ihrem Griff wirkenden Kraft gedreht wird. Mathematisch ist die Energie in einer Aufzugsfeder gleich dem Produkt aus aufgewendeter Kraft und dem Weg, den z.B. der Kurbelgriff dabei zurückgelegt hat. Beim Ablaufen des Uhrwerkes übertragen die Zahnräder dann diese Energie als Drehmoment durch das gesamte Räderwerk – einmal bis zum Zeigerantrieb, um die Zeiger zu bewegen und dann bis zur Hemmung, um das Schwingsystem in Schwung zu halten. Damit die Uhr über Stunden oder gar Tage hinweg selbständig ihren Dienst leisten kann, muss in ihr entsprechend viel Energie auf Vorrat gespeichert werden. Je größer der Energiespeicher, desto länger läuft die Uhr.

Schon bei den frühesten Uhren dienten Gewichte als Energiespeicher. An Seilen oder später an Ketten hängend erzeugten sie über eine Walze oder ein Kettenrad das Drehmoment zum Antrieb des Uhrwerks.

Abb. 2: Gewichtsantrieb mit Seilzug an einer Comtoise

Abb. 3: Typischer Gewichtsantrieb mit Kette an einem Schwarzwalduhrwerk

Erst als man schließlich die Kunst beherrschte, aus Stahl längere flache Federn zu schmieden, wurde es möglich, die Antriebsenergie in einer spiralförmig gewundenen Zugfeder zu speichern.

Von sehr simplen Uhrwerken, wie z.B. der sogenannten Amerikaneruhr einmal abgesehen, sind die Zugfedern in einem Federhaus untergebracht. Diese Zugfeder ist an beiden Enden gelocht. Mit ihrem äußeren Ende rastet sie in einen Nocken der Innenwand des Federhauses ein und mit dem inneren in den Mitnehmer der Aufzugswelle, dem sogenannten Federkern.

Abb. 4: Federhaus

Abb. 5:
Geöffnetes Federhaus

Der Federkern tritt als Aufzugsvierkant auf der Seite des Federhauses aus, an der es mit dem Federhausdeckel geschlossen wird. Dieser wird in eine umlaufende Falz am oberen Innenrand des Federhauses eingepresst. Durch Aufwinden erhält die Zugfeder ihre Spannung, die dann bei feststehender Aufzugswelle das Federhaus dreht und somit die Uhr in Gang hält, bis die Feder sich durch entsprechende Umdrehungen des Federhauses wieder entspannt, bzw. bis die Uhr abgelaufen ist.

Das in Abb. 5 gezeigte Federhaus stammt aus einer Pendule ohne Schlagwerk. Hier ist ausreichend Platz für ein besonders großes Federhaus mit einer entsprechend kräftigen Feder, welche der Uhr eine Gangdauer von etwas mehr als einem Monat verleiht.

Beide Systeme der Energiespeicherung, Gewicht und Feder, haben Vor- und Nachteile. Die Kraft der Feder in einer Federzuguhr lässt mit dem Ablaufen des Uhrwerkes merklich nach. Damit wird das vom Federhaus an das Räderwerk abgegebene Drehmoment allmählich kleiner, was nicht ohne Einfluss auf den „Gang", also die Genauigkeit der Uhr bleibt. Geht eine voll aufgezogene Uhr genau, wird sie mit zunehmendem Ablauf langsamer, also „nachgehen". Bei normalen Pendeluhren mit Ankerhemmung ist das zwar nicht gravierend, wohl aber bei Präzisionsuhren. Hier bedient man sich einer Erfindung aus der Anfangszeit der Federzuguhren. Das drehende Federhaus gibt sein Drehmoment nicht direkt über eine Zahnung an das Räderwerk weiter, sondern überträgt es mit einer Darmsaite, später mit einer Kette auf eine Schnecke, die mit dem Antriebsrad des Räderwerks auf einer gemeinsamen Welle sitzt.

Abb. 6: Beispiel für das System „Schnecke-Kette"

Abb. 6 zeigt die schon in frühen Uhren angewandte Kompensation der abnehmenden Federkraft durch die heute als System „Kette-Schnecke" bezeichnete Mechanik. Die einer Fahrradkette ähnliche Kette ist bereits zum Ende des 16. Jh. aufgekommen, bis dahin wurde die Federkraft mit einer Darmsaite auf die Schnecke übertragen. Dem System Kette-Schnecke liegt eine simple, jedoch geniale Überlegung zugrunde:

In Abb. 6 sehen wir die Situation bei fast abgelaufener Feder. Das Drehmoment (das ist die Zugkraft der Kette multipliziert mit dem Radius der Schnecke am Angriffspunkt der Kette) reicht gerade noch aus, das Räderwerk zu bewegen. Drehen wir nun die Uhr in Gedanken mit einem Schlüssel wieder etwas auf (Rechtsdrehung). Die Kette wickelt sich ein Stück auf der Schnecke auf; der Punkt, an dem sie nun an der Schnecke zieht, ist etwas nach oben gewandert. Hier greift nun die Kette mit etwas erhöhter Zugkraft an dem etwas kleiner gewordenen Radius der Schnecke an. So geht das weiter, bis die Uhr vollends aufgezogen ist. Während also einerseits die Zugkraft der Feder kontinuierlich größer wird, verringert sich andererseits der Hebel, an dem sie über die Kette an der Schnecke ansetzt. Damit bleibt das die Uhr antreibende Drehmoment über annähernd die gesamte Laufzeit hin konstant. Technik des 15./16. Jahrhunderts!

Federzuguhrwerke sind also komplizierter als ihre gewichtsbetriebenen Geschwister, sind aber wegen ihrer Vorteile heute die meistgebrauchten mechanischen Uhrwerke. Nicht ortsgebunden lassen sie sich in jeder Größe herstellen. In Karossen- und Reiseuhren begleiten sie uns schon seit Jahrhunderten in ferne Länder, und als Taschen- und Armbanduhren tun ihre miniaturisierten Varianten heute immer noch treue Dienste.

Allerdings können Gewichtsuhren gegenüber Federzuguhren mit dem unbestrittenen Vorteil des konstant bleibenden Drehmoments aufwarten, da ja die antreibende Kraft des Gewichtes und der Durchmesser der Seilrolle bzw. des Kettenrades konstant bleiben. So sind die Uhrwerke gewichtsbetriebener Uhren einfacher im Aufbau und lassen sich über das Pendel hervorragend regulieren.

Mit der aufkommenden Elektrotechnik konnte elektrische Energie zum Antrieb und sogar zur Steuerung des Ganges genutzt werden. In einer einfachen Form elektrischen Antriebs besorgt ein Elektromotor das regelmäßige Aufziehen der Feder oder das Hochwinden der Gewichte. Streng gesehen gehören nach unserer Definition solche „elektrischen" Uhren noch in die Gruppe der mechanischen Räderuhren, sind doch ihre Energiespeicher Federn oder Gewichte. Jedoch bilden diese und die „wirklich" elektrischen Uhren ein Spezialgebiet für sich, das näher zu behandeln den hier vorgegebenen Rahmen sprengen würde.

Es sei noch auf eine außergewöhnliche Energiequelle hingewiesen, die es ermöglicht, eine Uhr fast wie ein Perpetuum Mobile „ewig" in Bewegung zu halten. Es sind die Kräfte, die ein sich durch Wärmeänderung dehnender bzw. zusammenziehender Körper auf einen anderen Körper ausübt. Dieser Effekt kommt in der „Atmosuhr" der Firma *Jaeger Le Coultre* zur Wirkung. Hier wird die Volumenänderung eines in einem metallischen Faltenbalg eingeschlossenen Gases für den Antrieb der Uhr genutzt. Nach Angaben der Firma bewirkt die Temperaturänderung von nur einem Grad (1 °C) eine Gangreserve von immerhin 40 Stunden! Eine solche Uhr läuft also so gut wie „ewig", da Temperaturwechsel über den Tag sicher sind. Wir werden uns nachfolgend jedoch nur mit Gewichts- und Federzuguhren befassen können.

Neben der stets im Vordergrund stehenden Herausforderung möglichst genaugehende Uhren herzustellen, sollten Uhren auch möglichst lange, wenigstens aber einen Tag lang gehen. Frühe Federzuguhren schafften kaum 12 Stunden, und das bedeutete, dass diese Uhren immer zu unterschiedlicher Zeit aufgezogen werden mussten. Zwar bestimmt die Kapazität des Energiespeichers weitgehend die Laufdauer einer Uhr, doch muss eine große Aufzugfeder auch im Uhrwerk untergebracht werden können; die Seile bzw. Ketten an Gewichtsuhren können nicht endlos lang sein, und eine Verlängerung des Seils durch eine Flaschenzuganordnung, wie sie häufig in Gewichtsregulatoren und fast immer in Bodenstanduhren anzutreffen ist, fordert doppelt schwere Gewichte.

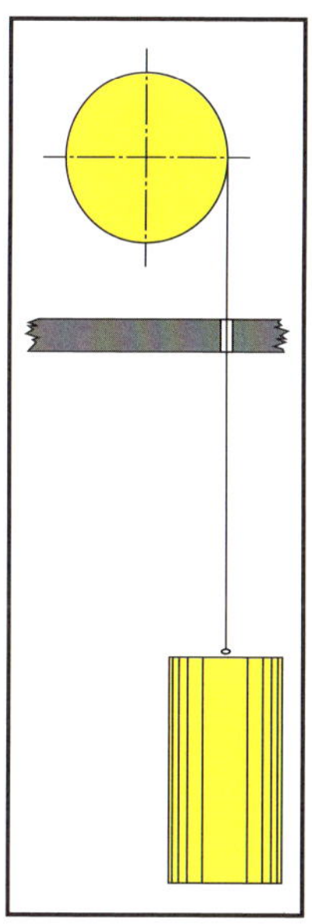

Abb. 7: Einfacher Seilzug

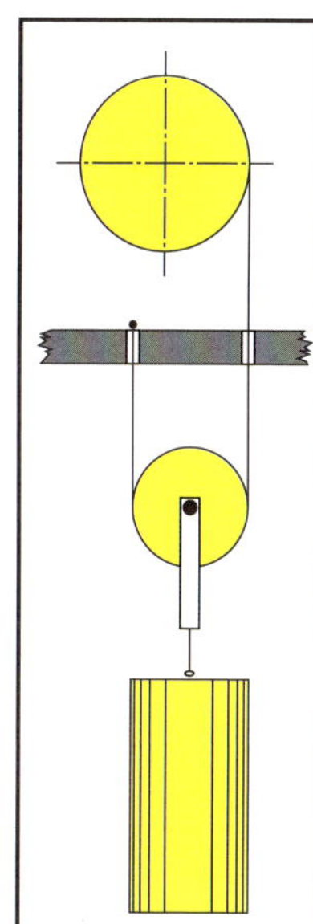

Abb. 8: Einfacher Flaschenzug

Die Laufdauer von einem bis zum nächsten Aufzug kann man aber auch über die Auslegung des Räderwerks zwischen Federhaus und Zeigerwelle beeinflussen. Schauen wir uns das in Abb. 9 einmal an, und verfolgen Sie die kleine Zahlenspielerei:

Abb. 9: Die Getriebesituation der untenstehenden Beispielrechnung

Der Zahnkranz des Federhauses hat 84 Zähne.
Während sich das Federhaus 1 mal um seine eigene Achse dreht, treibt es das nächste Rad, das Zwischenrad, über dessen Trieb mit 12 Zähnen zu 84:12 = 7 Umdrehungen an.
Das Zwischenrad hat bei dieser Uhr auch 84 Zähne. Mit jeder Umdrehung treibt dieses nun das Minutenrad über dessen Trieb mit 8 Zähnen zu 84:8 = 10,5 Umdrehungen an.
Das sind dann bei 1 Umdrehung des Federhauses 7 x 10,5 = 73,5 Umdrehungen der Zeigerwelle, was einem Zeitablauf von eben 73,5 Stunden entspricht.

Diese besondere Uhr läuft etwa einen ganzen Monat. Dabei macht das Federhaus nur etwa 10 Umdrehungen, wie die nachfolgende Rechnung bestätigt: 31 Tage x 24 Std./Tag = 744 Std.
744 Std. : 73,5 Std. je Umdrehung
= 10,12 Umdrehungen

Tatsächlich läuft die Uhr, die wir hier zum Beispiel genommen haben, noch etwa einen Tag länger, was für eine gesunde Feder spricht.

Das Räderwerk

Jetzt sind wir durch die kleine Zahnradberechnung schon so richtig im Räderwerk der Uhr angekommen, und Ihre Ehrfurcht vor dem vermeintlichen

Wirrwarr unzähliger Zahnräder, Schräubchen u.s.w. ist möglicherweise schon einer gewissen „Ach-so!"-Ernüchterung gewichen.

Nun, in der Tat ist ein herkömmliches Uhrwerk in seiner Mechanik recht leicht zu durchschauen. Vor allem dann, wenn man die einzelnen Teile den jeweiligen Funktionen zuordnet. Das ist uns insofern schon gelungen, als wir Schlagwerke, über die manche Uhren auch gar nicht verfügen, vorerst außen vor gelassen haben. Außerdem, so viel sei schon einmal gesagt, sind Schlagwerk und Gehwerk in aller Regel mechanisch vollkommen voneinander getrennt und kommen nur dann miteinander in funktionelle Berührung, wenn eine den Schlag auslösende Vorrichtung des Zeigerwerkes in das Schlagwerk greift.

Doch bleiben wir zunächst bei einem einfachen, nur die Zeit angebenden Uhrwerk. Hier kann man drei verschiedene Funktionsgruppen erkennen. Die nachfolgende Zeichnung (Abb. 10) gibt diese Funktionsgruppen farbig gekennzeichnet wieder:

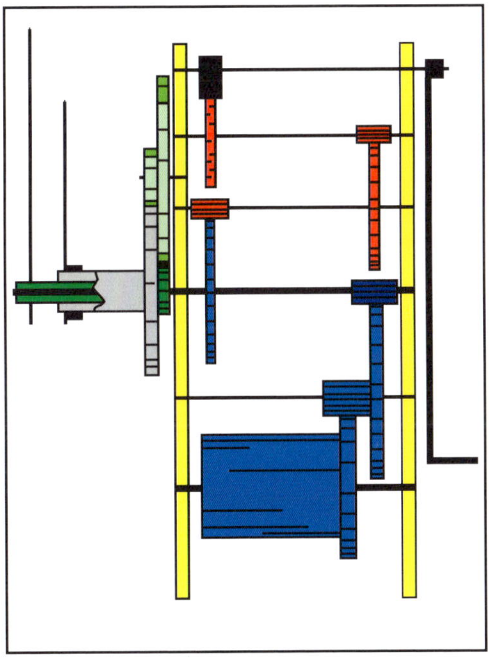

Abb. 10

1. Gruppe: blau
Antrieb vom Walzenrad bzw. Federhaus bis zur Zeigerwelle

2. Gruppe: rot
Anschlussgetriebe vom Minutenrad zur Hemmung

3. Gruppe: grün/ grau
Zeigerwerk
dunkelgrün: Minutenrohr
hellgrün: Wechselrad für die Übersetzung von Minuten auf Stunden
grau: Stundenrad

Die Funktion des Räderwerks der blauen Gruppe ist uns schon in Abb. 9 klar geworden. Hier ging es ja zunächst nur darum, die Minutenwelle mit Energie aus dem Federhaus zu versorgen und anzutreiben.

Damit sich die Minutenwelle aber auch in genau einer Stunde einmal um 360° dreht, ist sie über weitere Getriebestufen mit dem Hemmrad verbunden, dessen Ablauf in diesem Beispiel von einem mit dem Pendel schwingenden Anker gesteuert wird. Diese Rädergruppe ist rot markiert.

Die Berechnung der Triebe und Zahnräder erfolgt hier nach der gleichen Gesetzmäßigkeit, die wir in dem berechneten Beispiel für die blaue Gruppe angewendet haben:

$$z_1 \times n_1 = z_2 \times n_2$$

Z = Zähnezahl n = Zahl der Umdrehungen
Index 1 gilt für das treibende Rad
Index 2 gilt für das getriebene Rad

Die Gleichung sagt also aus, dass das Produkt aus Zähnezahl und Zahl der Umdrehungen des treibenden Rades gleich dem Produkt aus Zähnezahl und Zahl der Umdrehungen des getriebenen Rades ist.

Anders gesagt: Treibt ein großes Zahnrad eine Welle über ein Trieb mit wenig Zähnen an, dreht sich diese angetriebene Welle entsprechend dem Verhältnis der Zähnezahlen öfter, also schneller. Das können wir bei einem laufenden Uhrwerk sehr gut beobachten. Als letztes Rad im Getriebe dreht sich das Hemmrad am schnellsten. Wie schnell es sich drehen darf, damit die vom Minutenrad bzw. von dem auf ihm befestigten Minutenzeiger angezeigte Stunde oder Minute auch wirklich eine Stunde bzw. Minute ist, hängt von der Länge des Pendels ab, das wir in der Uhr einsetzen wollen, denn die Pendellänge bestimmt dessen Schwingungszahl und damit auch die des an ihm befestigten Ankers.

Je länger das Pendel, desto geringer kann die Übersetzung zum Hemmrad hin ausgelegt werden, was das Drehmoment am Gangrad erhöht und Uhren mit langen Pendeln eine hohe Gangsicherheit verleiht. Auch kann die große Schwingungsdauer zur Verlängerung der Gangdauer genutzt werden.

Jetzt fehlt in unserer Überlegung zum Ablauf eines Uhrwerkes noch das Zeigerwerk. Es ist in der Abb. 11 auf S. 15 dargestellt:

Das konisch durchbohrte Minutenrohr trägt am unteren Ende einen Zahnkranz und geht am oberen Ende in einen Vierkant (Abb. 12) über, auf den der Minutenzeiger gesteckt wird. Das Minutenrohr haftet auf der konischen Zeigerwelle durch Reibschluss und wird zur Montage auf sie aufgedrückt.

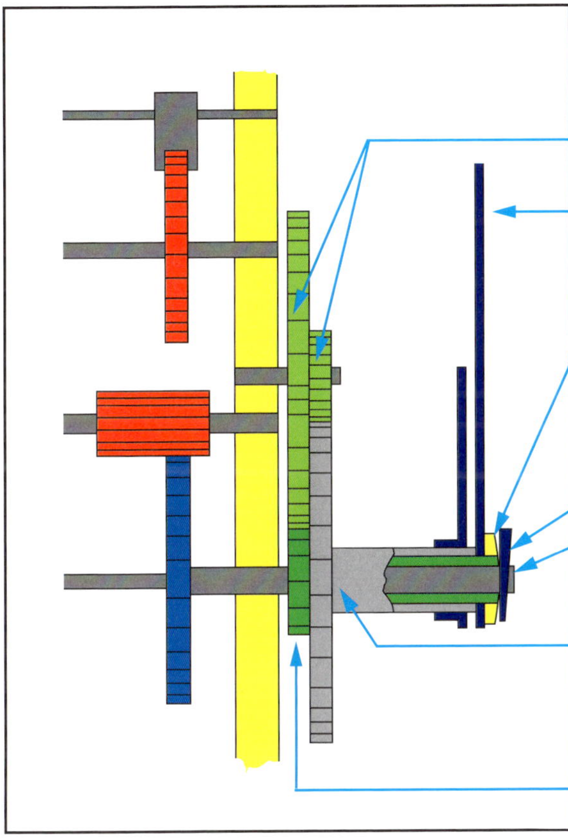

Abb. 11

Das Wechselrad besteht aus zwei axial gekoppelten Zahnrädern und greift mit dem kleinen Zahnrad in das Zahnrad des Stundenrades ein. Das Stundenrad kann sich durch das Wechselrad getrieben mit seiner Hohlwelle frei auf dem Minutenrohr bewegen. Durch entsprechende Übersetzung vom Minutenrohr über das Wechselrad zum Stundenrad wird erreicht, dass der Stundenzeiger mit jeder vollen Umdrehung des Minutenzeigers selbst um nur 30° voranschreitet. Das ist dann auf dem Zifferblatt der Schritt von einer zur nächsten Stunde. Der Stundenzeiger ist meist mit einer runden Buchse auf das Stundenrad aufgedrückt. Er darf, sofern er nicht zu stramm sitzt, auch zum Einstellen der richtigen Stundenanzeige auf dieser Welle in beide Richtungen gedreht werden; der Minutenzeiger bleibt dabei stehen, er ist auf der Minutenwelle entweder mit einer Zeigermutter oder durch Verstiftung gesichert (Abb. 11). Abb. 12 zeigt die oben beschriebene Situation am Beispiel des Zeigerwerks einer Pendule.

Abb. 12: Zeigerwerk einer französischen Pendule

Hemmung und Schwingsystem

Ein Freund brachte mir einmal eine Taschenuhr, die er auf einem Antikmarkt erworben hatte. Unglücklicherweise war sie ihm noch am selben Tag aus der Hand geglitten. „Sieh mal, wie schnell die läuft!". Ich sehe nur, dass die Uhr steht. Aber schon bei einer kleinen Drehung an der Aufzugskrone wirbeln die Zeiger wild auf dem Zifferblatt herum, um aber schon nach wenigen Sekunden wieder zum Stillstand zu kommen.

Ihnen ist nach der bisherigen Lektüre sicher klar, was vermutlich mit der Uhr los ist? Richtig, es spricht viel dafür, dass bei dem Sturz die Hemmung beschädigt wurde.

Wir öffnen die Uhr, und dann bestätigt sich das Unglück. Der Anker, ein durchaus mit einem Schiffsanker in Funktion und Aussehen vergleichbares Teil, kann seine Aufgabe nicht mehr wahrnehmen. Einer der beiden Zapfen, mit denen er um seinen fixen Lagerpunkt schwingt, war offenbar durch den Sturz abgebrochen, und je nach Lage der Uhr konnten dann die Paletten des Ankers nicht mehr hemmend in das Ankerrad eingreifen, sodass die Federkraft sich dann im wahrsten Sinne des Wortes „hemmungslos" in das jetzt natürlich unkontrolliert ablaufende Räderwerk entspannen konnte.

Die Aufgabe der Hemmung – hier des Ankers mit dem Ankerrad – ist es also, dafür zu sorgen, dass das Uhrwerk in gleichmäßigen Intervallen kontrolliert (s. S. 4) abläuft, wobei dann das mit dem Anker gekoppelte Schwingsystem die Zeitdauer des stetigen Wechsels von Anhalten und Vorrücken des Ankerrades bestimmt und auf diese Weise den Gang der Uhr steuert. In der Uhr meines Freundes machte das die durch eine feine Spiralfeder in Schwingung gehaltene Radunruh.

Abb. 13:
Ankerhemmung eines
Taschenuhrwerkes
mit Rubinpaletten

In Abb. 14 ist ein prinzipiell ähnliches Ankersystem dargestellt. Wir finden es bei Großuhren üblicherweise in besseren Reiseuhren als komplett auswechselbare Baueinheit (Anker - Echappement, Abb. 14).

Abb. 14: Als komplette Baueinheit konzipiertes Hemmungs-Schwing-System

Die oben erwähnte Radunruh ist bei Großuhren die Ausnahme und eigentlich nur da sinnvoll, wo die Uhr mobil eingesetzt wird, wie eben in der Reiseuhr vergangener Zeiten. Das Schwingsystem der Großuhren ist aber meist das Pendel, weshalb wir uns nun dem System Anker-Pendel exemplarisch etwas intensiver zuwenden.

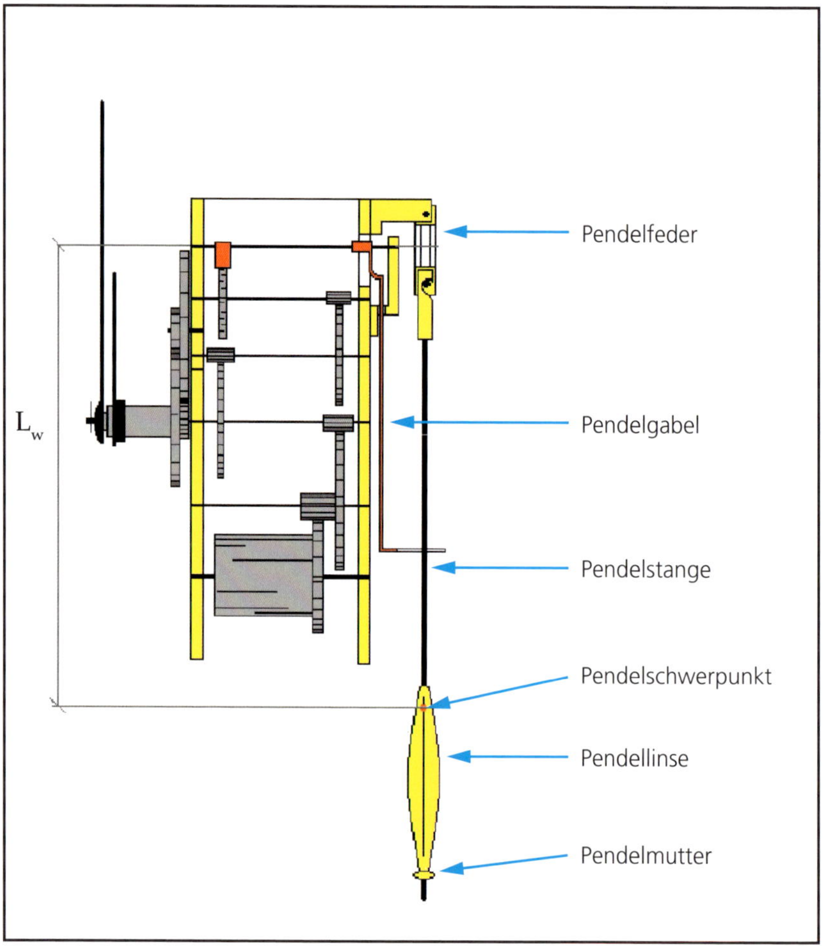

Abb. 15: Schema einer Ankerhemmung in Kombination mit einem Pendel

L_w = wirksame Pendellänge

Das Pendel könnte man als den Schrittmacher des Uhrwerkes bezeichnen, denn von seiner Bewegung hängt es ab, wie die Uhr läuft. Beobachtet man einen pendelnden Gegenstand, kann man seine Bewegung in zwei Größen beschreiben:

1. die Schwingungsweite oder die Amplitude
2. die Schwingungszahl oder die Frequenz

Beide Größen sind für den Gang der Uhr von Bedeutung:

Die Amplitude muss groß genug sein, dass der Anker das Ankerrad freigeben kann. Bei schwacher Aufzugfeder oder in einem verschlissenen oder verharzten Uhrwerk kann der Reibungswiderstand so groß werden, dass die Amplitude dazu eben nicht mehr ausreicht, und dann bleibt die Uhr stehen.

Die Frequenz bestimmt die Schwingungsdauer des Pendels und ist so auf das Räderwerk berechnet, dass die Zeiger im Zeitfluss unseres Zeitnormals voranschreiten. Maßgebend ist dabei die Pendellänge: Je länger das Pendel, desto größer die Schwingungsdauer, und umgekehrt.

Dass das Pendel überhaupt als Schwingsystem taugt, verdanken wir ausschließlich der zunächst verblüffend wirkenden Eigenschaft, dass Pendel gleicher Länge unabhängig von der Schwingungsweite für eine Schwingung die gleiche (physikal. exact: annähernd gleiche) Zeit benötigen.

Diese als Isochronismus bezeichnete Eigenschaft eines Pendels können Sie in einem kleinen Experiment sofort überprüfen. Befestigen Sie an einem Faden einen Ring. Halten Sie das obere Fadenende in der linken Hand ruhig fest und versetzen Sie dann dieses „Pendel" einmal in eine Schwingung mit kurzer Schwingungsweite und danach einmal in eine Schwingung mit großer Schwingungsweite. Wenn Sie jetzt die Schwingungszeiten jeweils mit einer Stoppuhr messen, werden Sie feststellen, dass sie gleich sind.

Der Isochronismus unterliegt zwar gewissen praktischen Einschränkungen, wie z.B. dem Luftwiderstand; dennoch ist ihm zu verdanken, dass wir den Gang einer Pendeluhr über die Länge des Pendels regulieren können.

Als Pendellänge gilt der Abstand seines Masseschwerpunktes vom Aufhängepunkt des Pendels. Durch die Masse der Pendellinse wird der Masseschwerpunkt des gesamten Pendels, zu dem ja auch die Pendelstange mit ihrer eigenen Masse gehört, möglichst nahe an das Ende der Pendelstange gebracht. Dort kann die Pendellinse z.B. mit Hilfe der Pendelmutter angehoben oder gesenkt werden, um den Gang zu regulieren.

Geht die Uhr vor, ist die wirksame Pendellänge zu kurz. Dann muss die Pendellinse durch Drehen der Pendelmutter nach links etwas herabgelassen werden.

Geht die Uhr nach, wird die Pendellinse durch eine Rechtsdrehung der Pendelmutter angehoben, die wirksame Pendellänge wird also verkürzt, damit die Uhr entsprechend schneller geht.

Die Abb. 15 zeigte eine schon recht präzise Pendeleinrichtung. Das Pendel ist nicht fest mit dem Anker verbunden, sondern erhält die für sein Schwingen erforderlichen Impulse von einer Ankergabel, wobei sich Ankergabel und Pendel gegenseitig führen.

Der für das Pendel festgestellte Isochronismus gilt auch für die mit einer Spiralfeder in gleichmäßiger Schwingung gehaltene Radunruh. So wie die Länge des Pendels dessen Frequenz bestimmt, so hängt die Frequenz einer Radunruh von der Länge der Spiralfeder ab, nicht aber von der Weite des Schwingungsbogens, den die Radunruh beschreibt. So wie wir den Gang einer Pendeluhr über die wirksame Pendellänge regulieren, so wird jetzt der Gang einer Uhr mit Radunruh über die Veränderung der wirksamen Länge der Spiralfeder geregelt. Ein Blick in ein frühes Uhrwerk mit Spindelhemmung und Radunruh macht die Situation deutlich:

Abb. 16: Einstellung der Spiralfederlänge

Zu erkennen ist in Abb. 16 die feine Spiralfeder. An ihrem äußeren Ende ist sie in dem sogenannten Klötzchen und innen an der Welle der Unruh festgestiftet. Die wirksame, frequenzbestimmende Spirallänge ist durch einen variablen Endpunkt bestimmt. Dieser besteht aus zwei feinen auf dem beweglichen Rücker angebrachten Rückerstiften, zwischen denen die Spirale so eng geführt wird, dass sie sich in dem Segment zwischen Rücker und Befestigungsendpunkt (Klötzchen) nicht mehr bewegen kann. Der Rücker selbst wird über die Stellscheibe bewegt.

Sie können sich vorstellen, dass dem Hemmungs-/Schwingsystem stets die größte Aufmerksamkeit gewidmet wurde, hängt doch von diesem die Genauigkeit unserer Zeitmesser ab. Wir werden uns deshalb dieser Thematik unter dem Aspekt „Technische Merkmale und Besonderheiten" später erneut zuwenden und dann auch nicht länger verschweigen, dass eine Uhr ja zumeist auch noch akustisch von sich gibt, was die Stunde geschlagen hat und manches mehr.

Nachdem wir nun einen Einblick in die allen Gehwerken von Räderuhren zu Grunde liegenden Bauelemente gewonnen haben, wollen wir uns – wie angekündigt – einen kleinen Überblick über die Entwicklungsgeschichte der Räderuhr verschaffen.

Aus der Entwicklungsgeschichte der Uhr

Vor der Räderuhr haben wohl Sonne, Mond und Sterne unseren Urvätern und Urmüttern zu einer ersten bewussten zeitlichen Orientierung, der Einteilung in Jahre und Monate und schließlich der Einteilung der Tage in Stunden gedient.

Der erste von Menschenhand geschaffene Zeitmesser war vermutlich der in die Erde gesteckte Stab, dessen mit der Sonne wandernder Schatten eine Einteilung des Sonnentages ermöglichte. Mit zunehmenden mathematischen und astronomischen Kenntnissen entstanden dann die bis in die Neuzeit hinein unverzichtbaren Sonnenuhren, die im Kleinformat auch mit auf Reisen gehen konnten. Noch in der Anfangszeit der mechanischen Uhren waren zu deren Kontrolle Sonnenuhren unerlässlich.

Das unvermeidbare Ausbleiben der Sonne führte schon in der Antike zur Entwicklung von Wasseruhren. Zeitnormal war hier die aus einem Behälter auslaufende oder auch in ihn hineinfließende Wassermenge, im Prinzip mit den erst im 14. Jh. aufkommenden Sanduhren vergleichbar. Bis ins Mittelalter hinein wurden teils sehr komplizierte Wasseruhren mit aufwändigem Räderwerk zur Übertragung des Füllstandes auf eine Anzeigetafel gebaut. So wundert es nicht, dass sich im Nachhinein so manches Fragment einer frühen „Räderuhr" schließlich doch als Teil einer Wasseruhr erweist.

Einen anderen Typus von „Elementaruhr" stellen Feueruhren dar. So wie bei Wasseruhren eine bestimmte auslaufende Wassermenge als Zeitnormal dient, so ist das bei Feueruhren der Verbrauch des in einer bestimmten Zeit verbrannten Brennstoffes. Eine einfache Version der Feueruhr ist die mit einer Skala versehene Kerze, oder die Öllampe, die ihren Ölvorrat in einem skalierten Glaskolben aufbewahrt, an dessen

Füllstand dort die verstrichene Zeit abgelesen werden kann. Kerzenuhren und Öluhren wurden noch im 18. und 19. Jh. benutzt, also zu einer Zeit, in der die schon annähernd ein halbes Jahrtausend gewichtsbetriebene Räderuhren bekannt waren.

Als eine der frühesten mechanischen Räderuhren gilt die Kirchturmuhr an der Kathedrale von Exeter, die auf das Jahr 1284 zurückgeht. Die Entwicklung der Uhrenbaukunst schreitet rasch voran und beschert uns beeindruckende Monumentaluhren wie die astronomische Uhr im Straßburger Münster oder das berühmte „Männleinlaufen" an der Nürnberger Frauenkirche.

Die frühesten Räderuhren waren „Waaguhren" mit Spindelhemmung. In ihnen steuerte der hin und her schwingende Waagbalken den Takt, mit dem die „Spindel" das Gangrad hemmt bzw. frei lässt. Wo eine große Turmuhr nicht realisiert werden konnte, sorgte die Türmeruhr dafür, dass der Stadttürmer stündlich die Glocke schlagen konnte.

Abb. 17:
Frühe Waaguhr
(Türmeruhr mit Wecker, Süddeutschland um1520, Historisches Museum Basel)

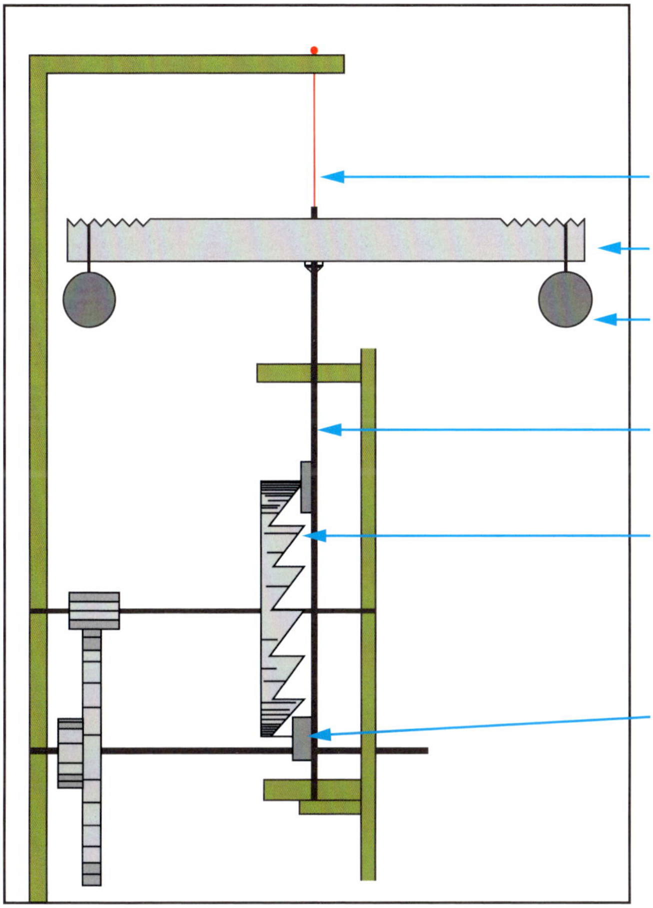

Abb. 18:
Schema einer Waaguhr

Bei der Spindelhemmung greifen die Spindellappen mit jeder horizontalen Schwingung des Waagbalkens abwechselnd in das als Kronrad ausgeführte Hemmungsrad, welches sich dann mit jeder halben Schwingung um einen Zahn weiter dreht. Über den Abstand der Schwungmassen zum Drehpunkt und über das Zuggewicht konnte man die Frequenz verändern bzw. den Gang regeln. Die erhebliche Ungenauigkeit dieses Systems, Abweichungen von einer halben Stunde pro Tag waren nicht ungewöhnlich, stellte in der damaligen Zeit aber sicher noch kein großes Problem dar.

Der entscheidende Schritt zu höherer Ganggenauigkeit war bei Großuhren die Kombination der Spindelhemmung mit einem Pendel. Die Pendelgesetze und vor allem die Kenntnis des Isochronismus (Abhängigkeit der Schwingungsdauer von der Pendellänge) waren zwar schon um 1583 von *Galilei* erkannt worden, auch hatte dieses Genie seiner Zeit weit voraus ein Uhrwerk mit Pendel entworfen; aber die tatsächliche Realisierung an einer Uhr erfolgte erstmals durch den niederländischen Mathematiker, Physiker und Astronom *Christian Huygens* 1657 – fast ein dreiviertel Jahrhundert nach *Galilei*!

Im Übrigen war die Spindelhemmung sehr robust und arbeitete so zuverlässig, dass sie in Kombination mit genauer arbeitenden Schwingsystemen wie Pendel und Radunruh noch weit bis in die Mitte des 19. Jh. in Großuhren und sogar in Taschenuhren angewandt wurde.

Abb. 19:
Spindelgang mit Pendel in einer Comtoise um 1850

Hemmrad

Spindel fest an der Pendelstange

Kronrad
überträgt das Antriebsdrehmoment mit einer Richtungsänderung um 90°

In dem Bemühen, die doch relativ grobschlächtigen aus Eisen geschmiedeten Uhrwerke zu verkleinern, war am Anfang des 16. Jh. die Entwicklung der Aufzugfeder ein entscheidender Fortschritt. Doch brachte die Zugfeder in Verbindung mit dem Spindelgang ein anderes Problem: So wie mit dem Ablauf der Uhr die Federspannung abnahm, wurden die Schwingungen der Waag langsamer und erhebliche Gangabweichungen waren die Folge. Das kannte man von dem stets gleichbleibenden Gewichtsantrieb, der bis dato ausnahmslos alle Räderuhren in Bewegung hielt, natürlich nicht.

Mit dem Vorschalten einer Schnecke, die mit einer um das Federhaus gewickelten Darmsaite, später Kette, verbunden war, gelang es dann leidlich, das antreibende Drehmoment konstant zu halten.

Ein enormer Vorteil der Kombination von Spindelhemmung und Zugfeder bestand jetzt in der Möglichkeit, dieses System in tragbare Uhren einzubauen. So entstand im Laufe des 16. Jh. aus dosenförmigen Tischuhren durch die Miniaturisierung von Werk und Gehäuse die frühe Taschenuhr, jedoch zunächst als eine an einer Kette oder Schnur offen getragene Halsuhr. Der kleine löffelförmige Waagbalken, der in diesen Ührchen zwischen zwei Schweinsborsten hin und her zappelte, wurde später durch die gleichmäßiger schwingende Radunruh ersetzt.

Abb. 20: Werk einer französischen Spindeltaschenuhr um 1700

Die Abb. 20 zeigt das Werk einer französischen Spindeltaschenuhr aus der Zeit um 1700, als gerade der zweite Zeiger üblich wurde. Das Zifferblatt gibt mit großen römischen Ziffern die Stunden und darüber mit arabischen Ziffern die Minuten an. Eine große stählerne Radunruh (oben) schwingt dank der jetzt üblichen Unruhspirale schon wesentlich gleichmäßiger als die frühere Waag. Der Antrieb erfolgt über das System Schnecke-Kette, das wir ja bereits kennen gelernt haben (vgl. S. 9, Abb. 6).

Als dann *Huygens* gegen Ende des 17. Jh. schließlich den Isochronismus auch bei schwingenden Spiralfedern entdeckte, wurden die Schweinsborsten durch die Unruhspirale ersetzt, wodurch selbst Taschenuhren so genau einreguliert werden konnten, dass es Sinn machte, neben der bis dahin üblichen einzeigerigen Stundenanzeige nun noch mit einem zweiten Zeiger die Minuten anzuzeigen! So erklärt sich, dass Uhren ab ca. 1690 allgemein auf dem Zifferblatt eine Minutenskalierung und als zweiten Zeiger den Minutenzeiger erhalten.

Ein weiterer Meilenstein auf dem Weg zu höherer Genauigkeit war die Erfindung des Ankerganges durch *William Clement* um 1680.

Abb. 21: *Clement*'scher Ankergang in englischem Präzisionspendeluhrwerk

Die Abb. 21 zeigt den *Clement*´schen Ankergang in einem englischen Präzisionspendeluhrwerk aus dem Anfang des 19 Jahrhunderts mit Antrieb über Schnecke und Kette.

Der mehrfach verbesserte und modifizierte Ankergang, besonders in Verbindung mit Federzugantrieb und Unruhspirale machte vor allem tragbare Uhren (Reise- und Taschenuhren) so genau, dass tägliche Abweichungen von weniger als einer Minute Standard wurden.

Ein historischer Überblick über die Geschichte der Zeitmessung darf auf keinen Fall an *John Harrison* vorbeigehen, dem der Bau eines Seechronometers gelang, dessen Gangabweichung auf hoher See selbst bei Sturm und Wellengang in der Größenordnung von etwa nur 0,1 Sekunde pro Tag lag.

Harrison hatte sich damit um einen angesichts des sich enorm entwickelnden Überseeverkehrs von der englischen Krone ausgelobten Preises von 20.000 Pfund für eine Uhr beworben, die es möglich machen würde, auf der Seestrecke von England nach Westindien (Amerika) mit einem maximalen Fehler von nur einem halben Längengrad zu navigieren.

*Harrison´*s Chronometer erfüllte diese Bedingung bei Weitem, aber am Ende einer langen, von schöpferischer Besessenheit, Intrigen, Neid und Konkurrenzkampf geprägten Geschichte wurden ihm drei Jahre vor seinem Tod lediglich 8750 Pfund zugestanden. Posthum gebührt *John Harrison* allerdings der Ruhm, entscheidend dazu beigetragen zu haben, dass sich England zu der einstigen Seeweltmacht entwickeln konnte.

Schiffschronometer mit spezieller Chronometerhemmung stellen auch heute noch trotz GPS eine wichtige Uhrengattung und ein interessantes und ambitioniertes Sammelgebiet dar.

Die aufkommende Elektrotechnik machte schon zur Mitte des 19. Jh. elektrische Uhren möglich. Die erste elektrische Uhr war eine Pendeluhr, in der im Gegensatz zur mechanischen Uhr das Pendel nicht nur frequenzgebende Funktion hatte, das Pendel trieb das Uhrwerk auch an. Die Energie hierzu erhielt das Pendel aus einem elektromagnetischen Impuls, der ihm jeweils beim Unterschreiten einer minimalen Schwingungsweite erteilt wurde.

Später übernehmen Elektromotoren das Aufziehen von Zugfedern oder Gewichten eines sonst herkömmlichen Uhrwerks, und Synchronmotoren treiben – von der Frequenz des Wechselstromes gesteuert – das Zeigerwerk direkt an.

Elektrische Uhren ermöglichten Systeme gleichgeschalteter Mutter- und Tochteruhren, wie sie beispielsweise zur Koordination eines überregionalen Bahnbetriebs unerlässlich sind, wobei als Mutteruhr meist eine präzise Pendeluhr mit elektrischem Gewichtsaufzug diente.

Heute ist die Quarzuhr, in der ein elektromagnetisch zum Schwingen angeregter Quarz die Steuerung des Ganges übernimmt alltäglich geworden, und für ein paar Euro können wir uns Uhren kaufen, die ihre Steuersignale per Funk von einer Atomuhr empfangen, deren Zeitnormal „vereinfacht" ausgedrückt 1 Atomsekunde = 9192631770 Schwingungen eines Caesiumatoms ist. Die Ganggenauigkeit bzw. Abweichung beträgt dabei in mehreren tausend Jahren nur Sekundenbruchteile!

Technische Merkmale und Besonderheiten

Nachdem wir mit den Grundfunktionen eines Uhrwerks gut vertraut sind, wollen wir jetzt etwas intensiver in wesentliche technische Details einsteigen. Dabei bleiben wir zunächst noch bei der Uhr als stummem Zeitgeber und tragen damit der Tatsache Rechnung, dass die Genauigkeit der Zeitangabe im Vordergrund steht, wie sie ja auch zu allen Zeiten der Entwicklung der Zeitmesstechnik das Hauptanliegen der Uhrmacher und ihrer Auftraggeber gewesen ist und so ihren hervorragenden Beitrag zur Entwicklung von Technik und Wirtschaft in der ganzen Welt beitragen konnte.

Wenn wir uns daran erinnern, dass für die Genauigkeit des Ganges einer Uhr im Wesentlichen das zuverlässige Zusammenwirken von Hemmung und Schwingsystem verantwortlich ist, wird es uns nicht wundern, dass gerade in diesem Bereich entscheidende Entwicklungen stattfanden.

Sie begegnen uns in der Form unterschiedlicher Hemmungen, vor allem in den Modifizierungen des Ankerganges. Auch das Pendel als Regulativ des Schwingsystems hat sich weiter entwickeln müssen, musste man doch feststellen, dass der bisher angenommene Isochronismus eine theoretisch sehr feine Sache ist, die aber praktischen Einschränkungen unterliegt. So ist z.B. die Pendellänge infolge der temperaturabhängigen Wärmedehnung grundsätzlich nicht konstant, was letztendlich zu einem unregelmäßigen Gang der Uhr führt. Widmen wir uns also den wichtigsten Hemmungen und Pendeltypen zu.

Hemmungen an Großuhren

Die Spindelhemmung

Wir haben die Spindelhemmung schon auf S. 23 in der frühesten Kombination mit einer Waag und auf S. 24 in Verbindung mit einem Pendel kennen gelernt. Sie hat sich in Großuhren noch bis in die Mitte des 19. Jh. gehalten, weil sie im Vergleich zum sich allmählich durchsetzenden Ankergang in der Herstellung wesentlich einfacher war. Dass die Spindeluhr danach nur noch eine Zukunft bei Freunden historisch interessanter Uhren hatte, liegt an zwei wesentlichen Nachteilen des Spindelgangs: Wenn wir eine schwingende Spindel genau beobachten, können wir sehen, dass die Spindellappen das Hemmungsrad mit jeder Schwingung zunächst etwas zurück drücken, bevor der Impuls des Hemmungsrades in Laufrichtung des Uhrwerkes wirksam wird. Dieser „Rückfall“ wirkt in das ganze Räderwerk hinein und das kostet natürlich Energie. Je nach Zustand des Uhrwerkes, wie Federspannung, Reibung in den Lagern und Reibung zwischen den einzelnen Zahnrädern, also auch je nach Sauberkeit und Schmierung der Lager, fällt nun dieser Impuls nicht immer gleichmäßig aus, was sich trotz Isochronismus des Pendels, der ja auch nur eine theoretische Bedingung beschreibt, auf die Ganggenauigkeit des Uhrwerkes auswirkt und auch das Korrigieren des Ganges erschwert.

Abb. 22:
Spindelgang in einer Wiener Stockuhr (2. Hälfte 19. Jh.): Das kurze Pendel ist mit der quer über dem Gangrad liegenden Spindel starr verbunden.

Ein weiterer Nachteil ist darin zu sehen, dass das Pendel einer Spindeluhr weit ausschwingen muss, um das Hemmungsrad für den nächsten Schritt frei geben zu können. Das ist aber nur bei relativ kurzen Pendeln möglich, wobei doch lange Pendel mit großer Masse und geringer Schwingungsweite eigentlich die idealen Voraussetzungen für eine konstante Ganggenauigkeit böten.

Der *Clement*'sche Ankergang

William Clement, vormals Schmied und später einer der hervorragendsten englischen Uhrmacher, entwickelte um 1670 einen Ankergang, der sich bis auf den heutigen Tag bewährt hat.

Vermutlich hat sich *Clement* bei der Entwicklung seiner Idee von den eben erörterten Problemen der Spindeluhr leiten lassen. Zwar ist auch der *Clement*'sche Ankergang noch eine rückfallende Hemmung, aber sie benötigt nicht die große Schwingungsweite wie die Spindel und kann deshalb mit langen Pendeln und schwerer Pendellinse eingesetzt werden, was die negativen Einflüsse auf den Isochronismus erheblich reduziert. Mit seiner Erfindung hat *Clement* einen erheblichen Schritt zu höherer Ganggenauigkeit geleistet und der aufkommenden Entwicklung der Bodenstanduhr den entscheidenden Impuls gegeben, denn man konnte das nur noch mäßig ausschwingende Pendel in schlanken Uhrenkästen unterbringen.

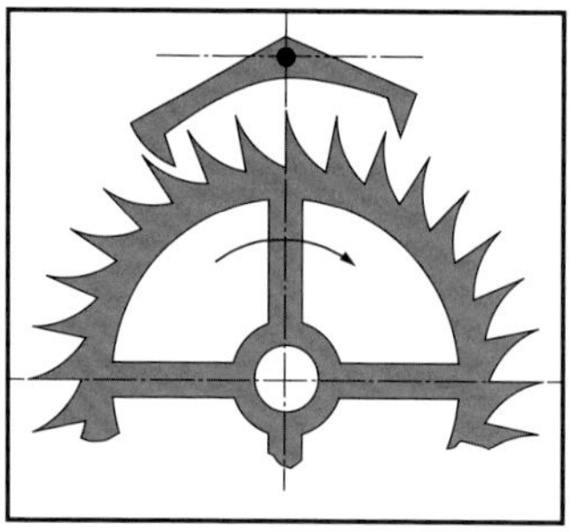

Abb. 23:
Clement'scher Ankergang

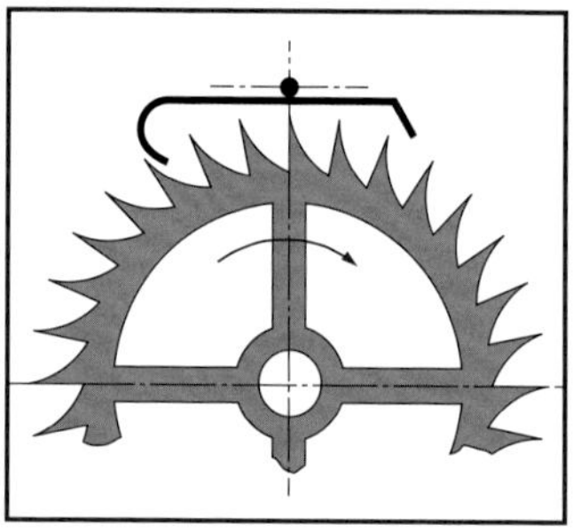

Abb. 24:
Blechanker

Den Clementschen Ankergang, auch als Hakengang bezeichnet, finden wir in einfachen Uhren, wie in Schwarzwalduhren, oft aus gebogenem Stahlblech als „Blechanker" auf die Ankerwelle aufgenietet (Abb. 24).

Die Graham-Hemmung

George Graham, berühmter Londoner Uhrmacher und Astronom, hat sich intensiv mit dem Problem der rückfallenden Ankerhemmung befasst und eine neue Ankergeometrie entwickelt, die den Rückfall eliminierte.

Die Paletten seines Ankers stellen Sektoren eines um den Ankerdrehpunkt gedachten Kreisringes dar; das Hemmungsrad bleibt also auch dann in Ruhestellung, wenn das Pendel weiter als erforderlich ausschwingt. Man bezeichnet deshalb die *Graham*-Hemmung auch als „ruhende Hemmung".

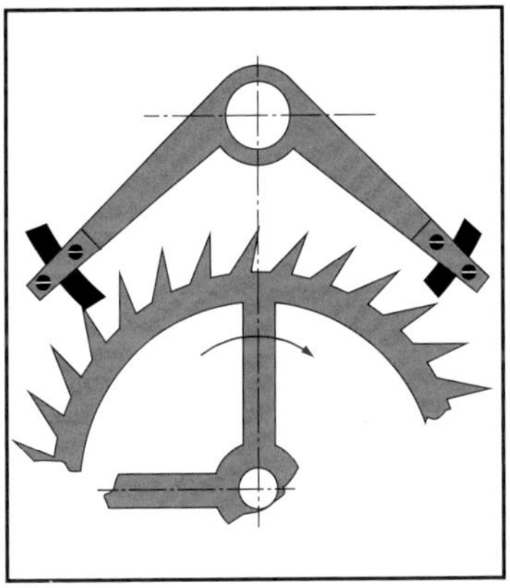

Abb. 25:
Graham-Hemmung

Die Paletten der *Graham*-Hemmung sind nachjustierbar montiert. Bei sehr guten Uhren sind sie aus Rubinen gefertigt.
Graham erfand diese Hemmung um 1715. Sie fand überall da, wo genaue Zeitmessung erforderlich war, Anwendung und wurde zur Standardhemmung in Wanduhren. Wenn Sie sich auf Antikmärkten umsehen, achten Sie doch einmal auf die Hemmungen bei den sogenannten „Regulatoren", Mr. *Graham* wird Ihnen oft begegnen!

Die Scherenhemmung

Die nach ihrem franz. Erfinder *Louis Amant* auch als *Amant*-Hemmung bezeichnete Hemmung folgt in ihrer Geometrie der Idee von *Graham*. Das Hemmungsrad ist mit halbrunden Stiften besetzt.

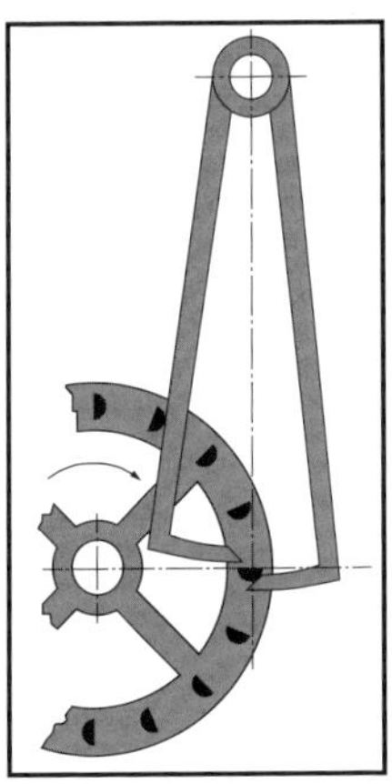

Abb. 26:
Scherenhemmung

In der abgebildeten Position wird die Schere nach rechts gedrückt, der Stift gleitet nach unten weiter und der nächste Stift fällt auf die linke Palette der Schere. Auch wenn die Schere noch etwas weiter nach rechts ausschwingt, fällt das Hemmrad nicht zurück, weil die Palette, die dann unter dem Stift her gleitet, als konzentrischer Kreisbogen um den Drehpunkt der „Schere" ausgebildet ist. Mit dem folgenden Rückschwung des Pendels nach links wiederholt sich der Vorgang in umgekehrter Richtung. Also ist auch die Scherenhemmung, die *Louis Amant* 1741 in Paris der Fachwelt vorstellte, eine ruhende Hemmung. Wir finden diese Hemmung hin und wieder in Pendulen aber auch in schweren Kirchturmuhren, wo das Niederfallen der Stifte einen wahrhaft imposanten Klang erzeugt.

Die *Brocot*-Hemmung

Die überwiegend in französischen Pendulen des 19. Jahrhunderts verwendete Hemmung wurde 1825 von *Abraham Louis Brocot* erfunden. Oft sehen wir sie in den runden französischen Einsteckwerken der etwas späteren Marmorpendulen, nicht selten sogar dekorativ sichtbar im Zifferblatt untergebracht (Abb. 27).

Abb. 27:
Brocot-Hemmung
mit Rubinpaletten

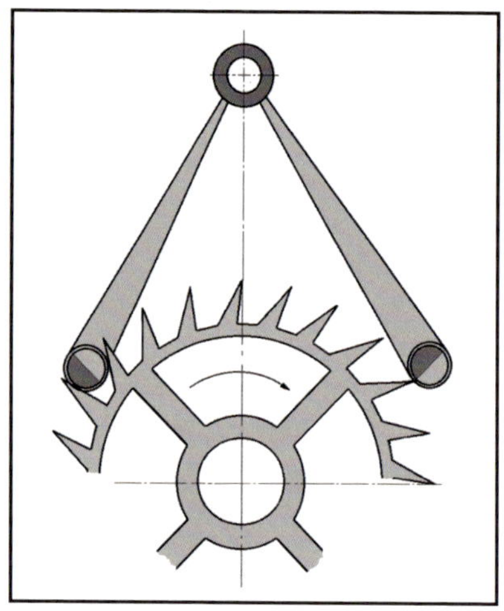

Abb. 28:
Schema der
Brocot-Hemmung

Die *Brocot*-Hemmung hat sich trotz des geringen Rückfalls bewährt, ist relativ einfach in der Herstellung, und kann, wie oben zu sehen ist, durchaus auch ein dekoratives Element sein.

Die Zahl der Hemmungen und ihrer Varianten, die sich fleißige und kluge Köpfe ausgedacht haben, geht über zweihundert hinaus. Ich denke, Sie sind damit einverstanden, wenn wir es bei den hier besprochenen belassen, sie repräsentieren die verbreitetsten Typen.

Pendelkonstruktionen

Vom einfachen Stabpendel zum Kompensationspendel

Das Pendel, auch Perpendikel genannt, ist natürlich nicht in erster Linie ein Gegenstand mehr oder weniger stilvoller Gestaltung, wie man angesichts der Vielfalt, in der es uns begegnet, vermuten könnte. In erster Linie hat es die Aufgabe zu erfüllen, als möglichst isochrones Schwingsystem die Uhr in genauem Gang zu halten. So sind auch die Pendel solcher Uhren, bei denen die Genauigkeit der Zeitangabe oberste Priorität hat, in aller Regel sehr sachlich und ohne begleitenden Zierrat konstruiert.

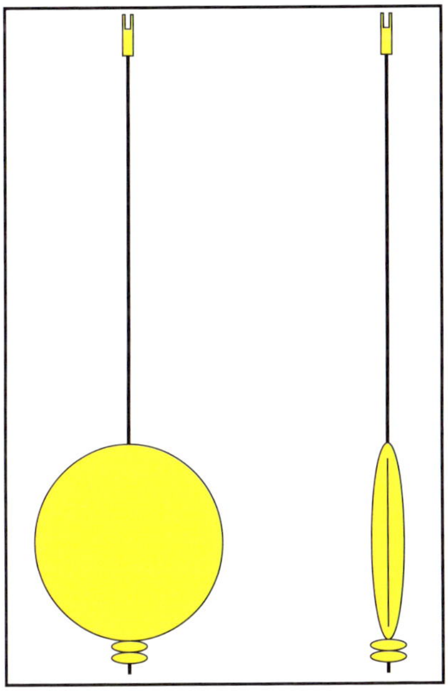

Abb. 29: Grundtyp eines einfachen Pendels

Abb. 29 zeigt den Grundtyp eines einfachen Pendels, bestehend aus einer Pendelstange, die an ihrem unteren Ende eine Schwungmasse, meist in Form einer linsenförmigen Scheibe trägt und an ihrem oberen Ende einen Haken zur Aufhängung. Die Schwungmasse ist nötig, um das Pendel bei Luftzug und Erschütterungen im Schwung zu halten. Außerdem bestimmt die Pendellinse mit ihrer Masse weitgehend die wirksme Länge des Pendels. Zur Gangregulierung kann sie mit der Pendelmutter auf und ab verschoben werden.

Die Hoffnung, im Pendel einen Garanten für höchste Ganggenauigkeit gefunden zu haben, relativierte sich allerdings vor allem bei langlaufenden Uhren mit der Feststellung, dass die Uhren infolge von Wärmedehnung im Sommer nachgingen und umgekehrt gingen sie durch Schwindung der Pendelstange im Winter vor. Die Lösung dieses Problems wurde auf verschiedene Weise in Angriff genommen. Natürlich war es naheliegend, für die Pendelstange nach einem Werkstoff mit geringerer Wärmedehnung als der des bisher üblicherweise verwendeten Stahles zu suchen.

Wie wäre es mit Messing? Pendel haben oft neben der blank polierten Pendellinse auch eine Pendelstange aus Messing. Das sieht ja sehr dekorativ aus, aber in Bezug auf das anstehende Problem führt uns die Wahl von Messing leider in die falsche Richtung, denn die temperaturbedingte Längenänderung ist bei Messing nahezu doppelt so hoch wie die des ursprünglich verwendeten Stahls. Doch bei Uhren für den „Hausgebrauch" spielen diese Überlegungen nur eine untergeordnete Rolle.

Wie sich die Wahl des Werkstoffes – Stahl oder Messing – auswirkt, sei am Beispiel eines Sekundenpendels erläutert: Die wirksame Pendellänge für eine exakt 1 Sekunde dauernde Halbschwingung beträgt 0,994 m. Eine volle Schwingung, also einmal hin und wieder in die Ausgangslage zurück, dauert 2 Sekunden. Ein solches Pendel aus Stahl würde sich bei einer Erwärmung um 20° auf der Celsiusskala um etwa 0,0002 mm ausdehnen. Die entsprechende Verlängerung der Schwingungsdauer würde in einer Woche von sieben Tagen einen Nachgang von 65 Sekunden, also gut einer Minute bewirken. Bei einem gleichgroßen Messingpendel kämen da allerdings schon fast 2 Minuten in jeder Woche zustande.

Eine solche Ungenauigkeit verzeihen wir heute einer hübschen alten Uhr als charmante Unzulänglichkeit und korrigieren eine zu groß aufgelaufene Missweisung diskret nach dem Radio. Doch in der Zeit des industriellen Aufbruchs, exakter Forschung und eines sich nach Fahrplänen entwickelnden Verkehrswesens war eine größere Zeitgenauigkeit vor Ort gefragt und deshalb auch das eigentliche Ziel aller Uhrmacherkunst.

Auf *John Harrison*, den Erbauer mehrerer preisgekrönter Seechronometer (vgl. Seite 25 f.) geht die Idee zurück, das abweichende Ausdehnungsverhalten verschiedener Metalle zum Bau eines Pendels zu nutzen, bei dem die Schwerpunktlage von der Wärmedehnung der Pendelstange unabhängig ist.

Das Kompensationspendel nach *John Harrison*

Betrachten Sie die Abb. 30. Sie zeigt ein solches Kompensationspendel als Gitterrostpendel, in welchem sogar die Metalle verarbeitet sind, die wir eben kennen gelernt haben, nämlich Stahl und Messing. Sie erinnern sich, Messing dehnt sich bei Erwärmung etwa doppelt so stark aus wie Stahl. Durch geschickte Anordnung der bei Erwärmung oder Abkühlung sich entgegenbewegenden Stäbe bleibt die Pendellinse unabhängig von der jeweiligen Temperatur stets im gleichen Abstand zum Aufhängepunkt des Pendels. In der vereinfachten Prinzipzeichnung (Abb. 31) wird die gegenseitige Kompensation der Wärmedehnung deutlich:

Abb. 30: Pendule mit Gitterrostpendel

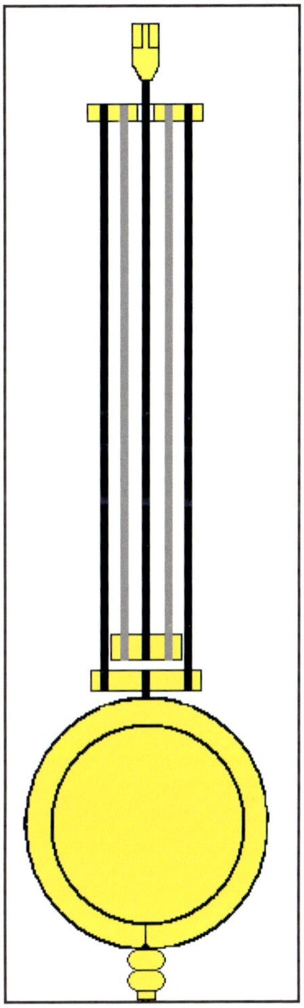

Abb. 31: Schema zum Gitterrostpendel

Das abgebildete Pendel ist mit einer Pendelfeder aufgehängt. Der mittlere Stahlstab führt durch eine Bohrung im oberen Messingjoch zum unteren schmalen Joch. Dort ist er fest vernietet. Rechts und links neben der Stahlstange steigt je ein Messingstab zum oberen Joch und von dem führt wiederum rechts und links je ein Stahlstab zum unteren Joch, an dem die Pendellinse befestigt ist. Dehnt sich der mittlere Stahlstab bei Erwärmung nun nach unten aus, heben die beiden Messingstäbe das obere Joch fast um das Doppelte an. Auf diese Weise wird die Wärmedehnung aller drei Stahlstäbe kompensiert, die Pendellinse bleibt in unveränderter Lage.

Das Quecksilberkompensationspendel

George Graham kennen Sie ja schon als Erfinder des Ankerganges. Seine Idee der Temperaturkompensation war außergewöhnlich, im Prinzip recht einfach und wirksam. Ausgehend von der Erkenntnis, dass sich flüssiges Quecksilber bei Erwärmung besonders stark ausdehnt – wir verwenden es deshalb ja auch in Thermometern – benutzte *Graham* es in einem luftdicht abgeschlossenen Glaskolben als Pendelmasse, die sich entsprechend der auftretenden Temperaturänderung nach oben ausdehnen kann. Bei Erwärmung steigt dann der Masseschwerpunkt des gesamten Pendels genau um den Betrag, um den sich die Pendelstange nach unten ausdehnt.

Abb. 32: Quecksilberkompensationspendel an einem „Kristallregulator"

Das in Abb. 32 gezeigte Pendel mit dem doppelten Quecksilberröhrchen ist typisch für „Kristallregulatoren“, die großen Geschwister der allseitig verglasten Reiseuhren.

Das Prinzip dieser Temperaturkompensation finden wir vornehmlich in großen Präzisionspendeluhren in Verbindung mit dem Sekundenpendel. In einfachen Wanduhren sind die Quecksilberröhrchen durch polierte Stahlzylinder vorgetäuscht und natürlich ohne Wirkung, so wie die allermeisten Gitterrostpendel einfacher Uhren lediglich vorgetäuschte Kompensationspendel sind. Darauf sollte man beim Kauf einer alten Uhr achten, weil das Merkmal „Kompensationspendel“ meist im guten Glauben und mangels Sachkenntnis als verkaufsförderndes Argument geführt wird.

Pendel aus Werkstoffen mit geringer Wärmedehnung

Pendelstangen aus Holz

Sollten Sie nun nach der Lektüre der eben angesprochenen Problematik in den Kasten ihrer guten alten Bodenstanduhr schauen, fällt Ihnen vielleicht eine einfache, glatte Pendelstange aus Holz auf, und vielleicht fragen Sie sich dann, wie ein Uhrmacher auf die Idee kommt, so ein billiges Material für ein so wichtiges Bauteil zu verwenden.

Doch die Sache ist rasch geklärt. Man hatte schon längst die verblüffende Entdeckung gemacht, dass Holz in der Richtung seiner Faser eine nur sehr geringe Wärmedehnung hat, sie ist um ein Vielfaches geringer als die von Stahl. Auch wechselnde Luftfeuchtigkeit, der sich die Holzfeuchte ja stets anpasst, ist hinsichtlich einer Längenänderung vernachlässigbar gering. Allenfalls könnte nun noch die mit der Änderung der Holzfeuchte einhergehende Gewichtsänderung der Pendelstange die wirksame Pendellänge geringfügig verändern. Um das zu vermeiden, wurde das trockene und astfreie Fichten- oder Kiefernholz sorgfältig mit Firnis getränkt.

Die hölzerne Pendelstange ist also durchaus ein Qualitätsmerkmal für Uhren mit „normalbürgerlichem“ Genauigkeitsanspruch, womit Gangabweichungen von unter 1 Minute in der Woche bei Bodenstanduhren gemeint sind.

Pendel aus Invarstahl

Ein Werkstoff kommt dem Idealzustand, bei Temperaturschwankungen invariabel also unveränderlich zu sein, sehr nahe. Es ist ein Stahl, der neben seinem Eisenanteil 36% Nickel enthält. Bezeichnenderweise trägt dieser Werkstoff dann auch die Bezeichnung „Invar".

Im Vergleich zum Ausdehnungsverhalten von normalem Stahl und Messing könnte man über Invar Folgendes aussagen: Erwärmt man gleichlange Stäbe aus Stahl, Messing und Invar so, dass sich der Stahlstab um 1,1 mm ausdehnt, verlängert sich der Messingstab um 1,9 mm, der Invarstab aber lediglich um 0,09 mm.

Die Wärmeausdehnung eines Sekundenpendels aus Invarstahl bewirkt bei einer Erwärmung oder Abkühlung um 20 Grad (20 K) eine Gangabweichung von nur knapp 2 Sekunden in einer Woche! Das genügte aber dem Münchener Ingenieur *Siegmund Riefler* (1847 bis 1912) noch nicht. Unter Verwendung von Invarstahl baute er ein Pendel, das auch noch diese geringen Längenänderungen weitestgehend ausgleichen konnte. Die Uhren von *Riefler* waren mit dem nach ihm benannten „Rieflerpendel" zu seiner Zeit die genauesten Uhren der Welt.

Die Pendelaufhängung

Bei sehr frühen Pendeluhren finden wir in aller Regel das Pendel fest mit der Spindel verbunden. Wir sind einer solchen Anordnung schon früher bei einer Wiener Stockuhr auf der Seite 29 begegnet. Pendel in dieser Anordnung schwingen nicht wirklich frei und gehorchen daher den Pendelgesetzen nur eingeschränkt, da ihre Frequenz von der Stärke des Antriebes beeinflusst wird und zwar um so mehr, je kürzer das Pendel ist. Frühe Federzuguhren mit Spindelgang konnten trotz der mit der Laufdauer der Uhr abnehmenden Federspannung ein für die Bedürfnisse der damaligen Zeit ausreichendes Gangresultat erzielen, weil das Drehmoment am Gangrad durch Zwischenschaltung einer Schnecke (vgl. S. 24 f.) annähermd konstant gehalten werden konnte.

Je freier ein Pendel um seinen Drehpunkt schwingt, das gilt natürlich für alle Hemmungen, desto geringer ist der Einfluss der Antriebskraft auf den Gang der Uhr. Dieser Erkenntnis entsprechend wurden Pendel nun separat aufgehängt und nur noch mittelbar über eine Pendelführung mit dem Gehwerk in Verbindung gebracht. Ein Beispiel dafür konnten wir schon in der Abb. 1 auf der Seite 5 sehen.

Es ist allerdings erstaunlich, dass wir noch bis ins 20. Jahrhundert hinein bei billigen Ankeruhren fest mit dem Anker verbundene Pendel finden.

Schauen Sie sich als abschreckendes Beispiel einmal an, wie das Problem der Pendelaufhängung in einer „Amerikaneruhr", die als Massenware der Schwarzwalduhr erhebliche Konkurrenz machte, gelöst wurde.

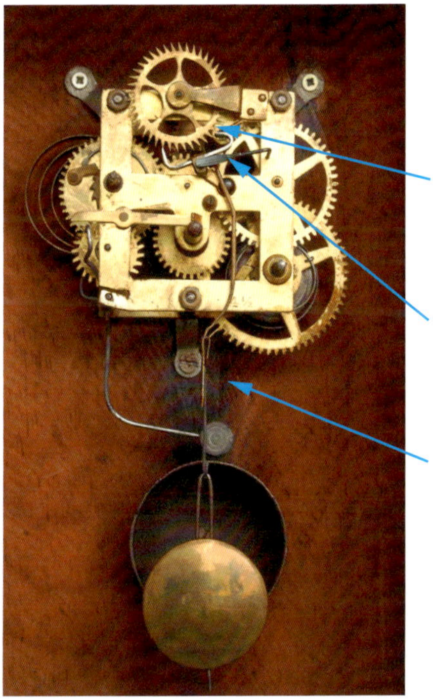

Abb. 33:
Werk einer „Amerikaneruhr"

Die Vorteile eines isochron schwingenden Pendels kommen aber nur dann zur Wirkung, wenn das Pendel möglichst frei schwingen kann. Dazu muss das Pendel nicht nur frei hängend möglichst reibungsarm um seinen Drehpunkt schwingen können, es muss auch den vom Anker ausgehenden Impuls mit möglichst geringem Energieverlust aufnehmen.

Wir wollen uns nun der Schnittstelle zwischen Uhrwerk und Pendel, der Art seiner Aufhängung und seiner Führung etwas intensiver widmen, denn Kenntnisse hierüber sind schon alleine deshalb auch für den weniger erfahrenen Uhrenfreund und Uhrensammler von besonderem Interesse, weil hier im Schadensfall, und der tritt recht häufig z.B. in Gestalt verbogener oder gar gebrochener Pendelfedern oder deformierter Pendelführungen auf, sehr erfolgreich eingegriffen werden kann. Darüber hinaus sollten wir mit Blick auf die Problematik der Gangregulierung bedenken, dass die Aufhängung des Pendels gegenüber dem Masseschwerpunkt die wirksame Pendellänge bestimmt, und da geht es um die Einhaltung von Bruchteilen von mm!

Eine Auswahl der am häufigsten anzutreffenden Pendelaufhängungen zeigt Abb. 34. In Abb. 34 d ist exemplarisch für alle fünf Versionen die mit dem Anker verbundene Pendelführung hinzugefügt.

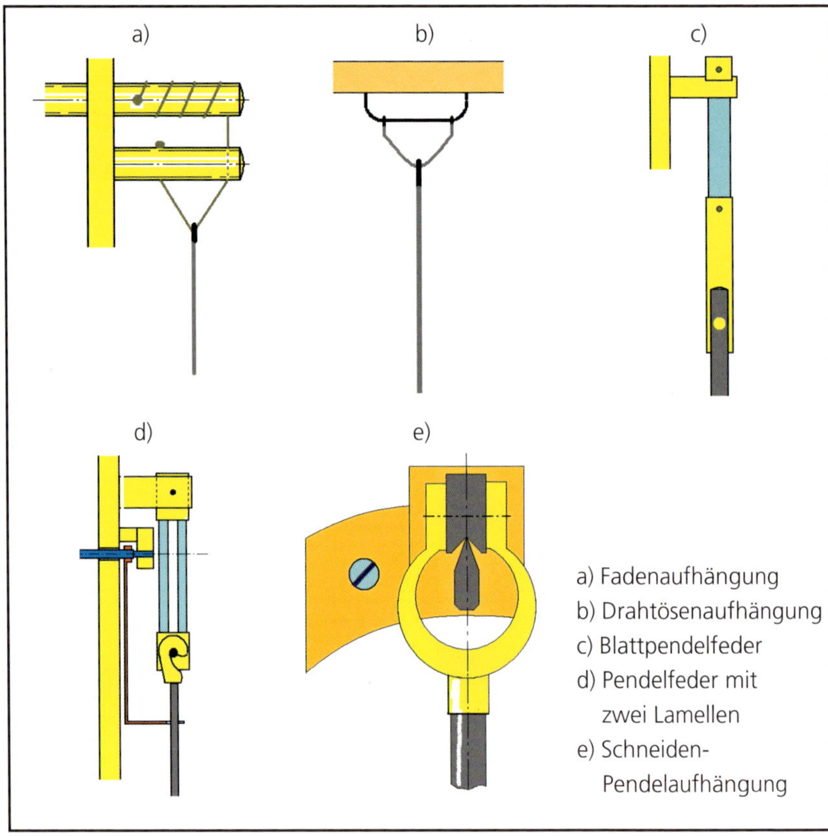

Abb. 34:
Pendelaufhängungen

Die Fadenaufhängung (Abb. 34 a)
begegnet uns häufig in späteren Spindeluhren und frühen Ankeruhren mit leichten Pendeln, wie in den Stutzuhren des ausgehenden 18. und beginnenden 19. Jahrhunderts. Auf einfachste Weise bot sich mit der Fadenaufhängung die Möglichkeit der Gangregulierung durch Auf- bzw. Abwickeln des die Aufhängeschlaufe bildenden Fadens.

Abb. 35:
Fadenaufhängung mit Regulierung mittels Rändelscheibe

Abb. 36:
Fadenaufhängung mit Regulierung mittels Schlüssel

Die Drahtösenaufhängung (Abb. 34 b)
ist eine Spezialität der in Heimarbeit produzierten Schwarzwalduhren mit ihren typischen hölzernen Werkgestellen. Sie ist unempfindlich, sehr leicht ersetzbar und genügt voll dem Genauigkeitsanspruch der Gesamtkonzeption dieser schlichten Holzwerke.

Die Blattpendelfeder (Abb. 34 c)
aus gehärtetem Stahl bietet eine präzise Aufhängung auch für schwerere Pendel. Ihre Dicke beträgt zwischen 0,05 mm und 0,1 mm. Bei kurzen Pendeln ist sie oft fest mit der Pendelstange verstiftet.

Die Pendelfeder mit zwei Lamellen (Abb. 34 d)
bietet eine besonders präzise Pendelführung. Ihre etwa nur 0,05 mm dicken und ca. 2 mm breiten Lamellen sind aber extrem empfindlich. Sind sie einmal verbogen, sind sie kaum noch zu richten, und meist wird das Pendel dann nur noch schlingernde Bewegungen ausführen können. Das Austauschen einer Pendelfeder stellt keinen nennenswerten Kostenfaktor dar und lässt sich meist problemlos bewerkstelligen. Man sollte jedoch unbedingt darauf achten, dass der Ersatz gleich dimensioniert ist, um die

Gesamtgeometrie des Pendels nicht zu verändern. Auf jeden Fall ist darauf zu achten, dass der Schwingungsmittelpunkt des Pendels, der sich je nach Dicke der Pendelfeder mehr oder weniger unterhalb ihrer Einfassung befindet, in der Achse der Ankerwelle liegt, andernfalls reibt sich die Pendelstange in der Pendelführung.

Die *Brocot*-Pendelaufhängung (Abb. 37)
ist eine interessante Variante der Pendelfederaufhängung mit zwei Lamellen. Wie die Fadenaufhängung ermöglicht sie die Gangregulierung über die Veränderung der wirksamen Pendellänge im Bereich der Pendelaufhängung, aber auf eine viel präzisere Weise.

Bei der *Brocot*'schen Pendelaufhängung gehen die beiden Lamellen unterhalb ihrer Arretierung durch eine vertikale Führung, die von der Zifferblattseite aus mit einem Schlüsselchen um einige Millimeter zwecks Regulierung vertikal verstellt werden kann.

Abb. 37:
Pendelaufhängung nach *Brocot*

Die Schneidenaufhängung (Abb. 34 e)
wird in Präzisionsuhren eingesetzt. Der Grundgedanke beruht darauf, dass die Schneidenauflage mangels Auflagefläche eine praktisch reibungsfreie Pendelbewegung ermöglicht. So finden wir Schneidenlager z.B. auch bei mechanischen Laborwaagen, die auf zehntel Milligramm genau wiegen können. Darüber hinaus ist mit der Schneide wie in keiner anderen Pendelaufhängung der Drehpunkt des Pendels genau vorgegeben, was für genaueste Berechnungen zur Gangkorrektur bekannt sein muss.

Für unsere Verhältnisse wird all dies keine Rolle spielen. Doch da uns die Schneidenaufhängung in Verbindung mit echten Kompensationspendeln gelegentlich bei sehr guten Pendulen begegnen kann, sollte man sie kennen und zu schätzen wissen.

Pendelführung oder Pendelgabel

Allen frei aufgehängten Pendeln vermittelt der Anker die zum ständigen Schwingen notwendigen Impulse über die an der Ankerwelle angebrachte Pendelgabel. Im Gegenzug erhält der Anker über die Pendelgabel die vom Pendel bemessenen Geh- und Stoppbefehle. Somit ist die Pendelgabel also die Schnittstelle zwischen Hemmung und Schwingsystem. Hier führen sich Pendelstange und Pendelgabel mit gegenseitigem Führungsanspruch, was zu erheblichen Problemen führen kann: Ist das Spiel in der Pendelgabel zu groß, gibt der Anker mit jeder halben Schwingung über die Pendelgabel dem stets etwas weiter ausschwingenden Pendel einen entgegenwirkenden Impuls, der das Pendel allmählich bis zum Stillstand abbremsen kann.

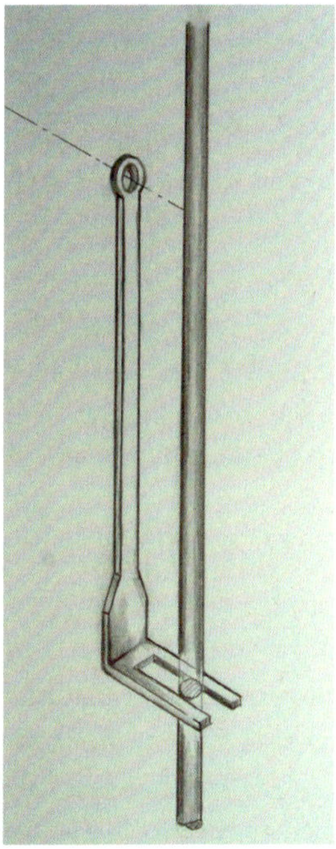

Abb. 38: Pendelgabel

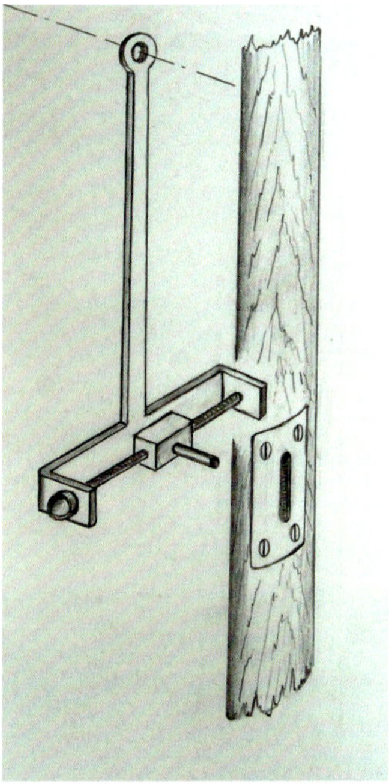

Abb. 39: Verstellbare Pendelführung

Die in Abb. 39 dargestellte verstellbare Pendelführung bietet einen nicht unerheblichen Komfort beim Einjustieren der korrekten Ankerstellung. Der in die Pendelstange greifende Führungsstift kann auf der Gewindestange durch Drehen der seitlichen Rändelschraube verschoben werden, bis die korrekte Ankerneigung zu der senkrechten Ruhelage des Pendels gefunden ist und die Uhr wieder „im Tritt“ geht, was man am besten über das Gehör kontrolliert.

Schlagwerksysteme

Wären wir bei unseren technischen Betrachtungen historisch vorgegangen, dann hätten wir uns gleich zu Beginn mit Schlagwerken befassen können, denn die sind es, die schon unsere Urahnen hoch vom Turm her vernehmen ließen, was die Stunde geschlagen hat, bevor man die Uhren mit Zifferblatt und Zeiger ausrüstete. Die optische Anzeige gewann erst später, allerdings zunehmend um so mehr an Bedeutung, als Uhren in Wohnhäuser kamen. Jetzt war der Glockenschlag auch nicht immer so erwünscht, und schon gar nicht zur Schlafenszeit. Ihn abzustellen wäre jedoch mit dem erheblichen Nachteil verbunden gewesen, dass die Zeigeranzeige nicht mehr mit dem unabhängig arbeitenden Schlagwerk übereinstimmt. Erst mit der Erfindung eines neuartigen Schlagwerksystems, dem sogenannten Rechenschlagwerk, dessen Zählwerk stets den Stand des Zeigerwerkes erfasst, erhielten Uhren besserer Qualität etwa ab dem 18. Jahrhundert eine Einrichtung, mit der sich der Schlag nach Bedarf abstellen ließ. Als nostalgisch beseelte Uhrenfreunde aber lassen wir uns gerne von unseren Uhren ansprechen, sofern sie die Wahrheit sagen, unsere Ohren nicht mit hässlichem Klang beleidigen und das gute Verhältnis zu unseren Nachbarn nicht durch ungebührliche Phonzahlen trüben. All dies, erst recht ein Totalausfall sind Aspekte, die uns bei näherer Kenntnis der Schlagwerksfunktion ein beachtliches Aktionsfeld an Kontroll-, Regulier- und Reparaturmöglichkeiten bieten.

Der Aufbau eines Schlagwerkes

Werfen wir zunächst einen Blick in ein noch nicht mit der rückseitigen Platine zugedecktes Uhrwerk (Abb. 40) und verfolgen dabei den Verlauf des Getriebes mit dem Schlagwerksfederhaus Nr. 1 beginnend. Wenn wir uns dabei nicht verhaspeln, enden wir an dem sogenannten Windrad Nr. 6, das den Ablauf des Schlagwerkes durch den von ihm selbst erzeugten Luftwiderstand auf die gewünschte Schlaggeschwindigkeit begrenzt. Bevor wir die Funktion des Schlagwerkes bis zum Schlagen selbst weiter verfolgen, können wir nach dieser kleinen Untersuchung aber jetzt schon ein paar interessante Ergebnisse festhalten:

1. Schlagwerk und Gehwerk sind vollkommen voneinander getrennt. Das ist bei den meisten Uhren so und hat den Vorteil, dass man je nach Situation eine Uhr – z.B. als Kompromiss zur Wahrung des Hausfriedens – auch ohne Schlag betreiben kann.

2. Auch das Schlagwerk hat eine „Hemmung". Sie hält die Schlaggeschwindigkeit je nach Größe der Windradfläche, dem Übersetzungsverhältnis und der Antriebskraft (Zugfederspannung bzw. Gewicht) konstant.

Abb. 40:
Rädersystem eines Schlagwerkes
1= Schlagwerksfederhaus
2= Antrieb der Schlossscheibe*
3= Hebnägelrad*
4= großes Anlaufrad*
5= kleines Anlaufrad*
6= Windrad

* siehe S. 46 ff.

Jetzt ist eigentlich nur noch zu klären, was den Schlag pünktlich auslöst und die Zahl der Schläge entsprechend der gegebenen Uhrzeit steuert. Wir unterscheiden zwei sehr verschiedene Schlagwerksysteme:

1. das Schlossscheibenschlagwerk (auch Schlussscheibenschlagwerk)
2. das Rechenschlagwerk

Bei beiden Systemen ist das Räderwerk zwischen den Platinen prinzipiell gleich aufgebaut. So ist in Abb. 40 nicht ohne Weiteres erkennbar, dass es sich hier um ein Schlossscheibenschlagwerk handelt. Die Unterschiede liegen im Zählwerk für die auszuführenden Glockenschläge, welches sich bei Schlossscheibenschlagwerken fast immer auf der Werkrückseite mit seiner großen Schlossscheibe (Abb. 41) zu erkennen gibt, während es bei Rechenschlagwerken meist unter dem Zifferblatt verborgen ist.

Schlossscheibenschlagwerke

Hierbei handelt es sich um die ältesten Schlagwerke. Sie haben sich schon bei den frühen gotischen Eisenuhren bewährt und wurden noch bis ins 20. Jh. massenweise in Uhrwerke eingebaut.

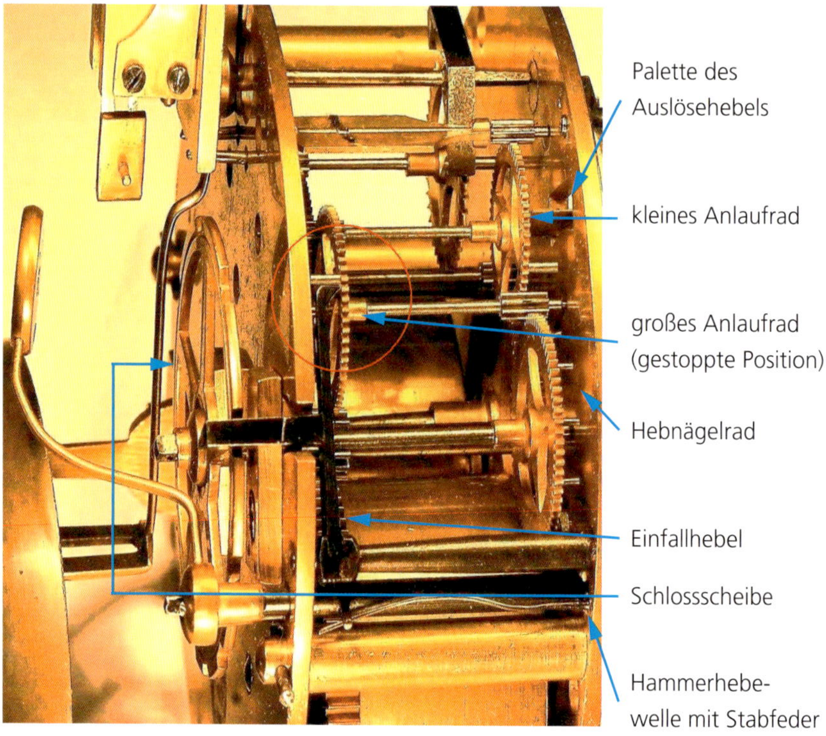

Abb. 41: Schlossscheibenschlagwerk in Ruheposition

Den Ablauf eines Schlossscheibenschlagwerkes verfolgen wir am oben gezeigten Beispiel, zuvor aber noch ein Blick unter das Zifferblatt (Abb. 42). Da sehen wir das Minutenrohr mit zwei Auslösestiften, die bei dieser Uhr jede halbe Stunde durch Anheben des Auslösehebels den Schlag auslösen.

Auslösehebel oberer Arm, mit durch die Platine greifender Palette zum Stoppen des kleinen Anlaufrades

unterer Arm, auf einem der beiden Auslösenocken des Minutenrohres aufliegend

Mitnehmer zum Übertragen der Auslösebewegung auf den Einfallhebel, der jetzt gerade noch das große Anlaufrad stoppt.

Abb. 42: Auslösemechanik eines Schlagwerkes

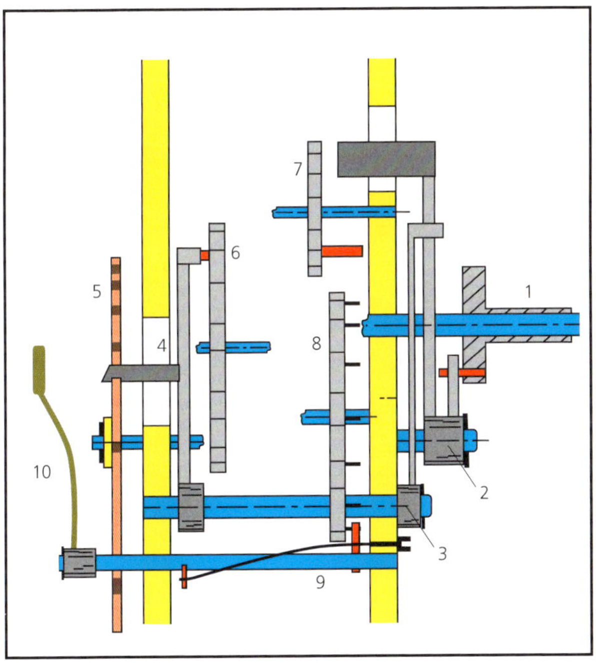

Abb. 43: Schlossscheibenschlagwerk (Schema zu Abb. 41)

Hilfreich wäre jetzt ein Vergleich des o.a. Schemas mit dem Uhrwerk von Abb. 41. Dargestellt ist der Ruhezustand: Der Einfallhebel ist gerade in eine Lücke der die Schlagzahl bestimmenden Schlossscheibe (5) gefallen.

Mit seinem unteren Schenkel liegt der Auslösehebel (2) auf einem der beiden Auslösenocken des Minutenrades (1) auf. Dreht sich nun das Minutenrad weiter, hebt sich allmählich der Auslösehebel und auch der über den Mitnehmer (3) angehobene Einfallhebel (4), der dann wenige Minuten vor dem Schlag das große Anlaufrad (6) für einen kurzen Augenblick frei gibt. Das Schlagwerk läuft jetzt ganz kurz an, bis das kleine Anlaufrad (7) nach etwa einer halben Umdrehung von der Palette des Auslösehebels (2) wieder gestoppt wird. Durch dieses „Melden", was ein paar Minuten vor dem Schlag als kurzes Surren zu hören ist, bereitet sich das Schlagwerk auf seinen ersten Schlag vor. Die Abb. 44 zeigt genau diese Situation.

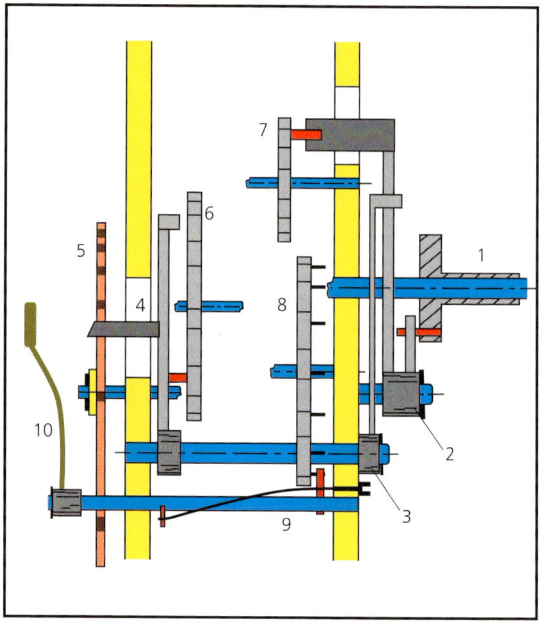

Abb. 44: Schlossscheibenschlagwerk nach dem „Melden"

Dreht sich das Minutenrohr auf die Zeigerstellung „12", fällt der Auslösehebel (2) und gibt das kleine Anlaufrad (7) frei. Das Räderwerk läuft an, und das Hebnägelrad (8) betätigt den „Hammer" (10) über den Stift an der Hammerwelle (9). Der Einfallhebel (4) gleitet auf einem Sektor der sich unter ihm fortdrehenden Schlossscheibe (5), bis er in die nächste Lücke einfällt und gleichzeitig das große Anlaufrad (6) stoppt und damit den Schlag beendet. Die Situation entspricht jetzt wieder der Abb. 43.

Die Länge der Segmente bestimmt also die Zahl der Schläge. Die Lücken sind so bemessen, dass der Einfallhebel für den auf den Stundenschlag folgenden Halbstundenschlag noch einmal in die gleiche Lücke einfällt. Erst beim Auslösen des dann folgenden Stundenschlages fällt er auf den nächsten Sektor der Schlossscheibe.

Abb. 45

Der Einfallhebel liegt gerade in der großen Lücke, die das Einfallen für „halbeins", „eins" und „halbzwei" erlaubt.

Beim nächsten Schlag, also „zwei Uhr" liegt der Einfallhebel auf dem kleinsten Sektor auf, und die dann folgenden Lücken lassen nur einen Halbstundenschlag zu. Die im Uhrzeigersinn nachfolgenden Segmente werden analog zu den schlagenden Zahlen bis hin zu „12 Uhr" größer.

Abb. 46: Schlossscheibe

Schlossscheibenschlagwerke haben den großen Nachteil, dass ihr Zählwerk „eigene Wege" gehen kann und dann nicht die angezeigte Stunde schlagen. Das passiert dann, wenn das Schlagwerk und mit ihm die Schlossscheibe stehen bleibt, jedoch das Gehwerk noch weiter läuft. In aller Regel sind die Federn der Schlagwerke deshalb so bemessen, dass das Schlagwerk noch Federspannung hat, wenn das Gehwerk bereits abgelaufen ist.

Dass sich Schlossscheibenschlagwerke noch etwa 300 Jahre neben den wesentlich „umgänglicheren" Rechenschlagwerken behaupten konnten, liegt an der Einfachheit ihres Aufbaues und der einfachen Herstellung der Einzelteile. Dennoch: Respekt vor den Schmieden und Schlossern – es gab den „Uhrmacher" noch nicht –, die dieses System zu schaffen in der Lage waren.

Rechenschlagwerke

Rechenschlagwerke, die auf einer Erfindung des englischen Uhrmachers *Edward Barlow* aus dem Jahr 1676 beruhen, haben das vorhin geschilderte Problem nicht, weil das die Schlagzahl bestimmende Bauteil eine fest an das Zeigerwerk gekoppelte Stundenstaffel ist.

Abb. 47: Rechenschlagwerk

Und so arbeitet das Rechenschlagwerk: Das Anlaufen/„Melden" geschieht wie beim Schlossscheibenschlagwerk einige Minuten vor dem Schlagen durch einen der beiden, hier allerdings unterschiedlich langen bzw. auf unterschiedlichem Radius sitzenden Auslösenocken.

Beim Anlaufen zum Stundenschlag fällt der Rechen mit dem Abtastnocken auf die Schnecke bzw. Stundenstaffel in die Zählposition (Abb. 48 b).

Abb. 48 a: Rechen in Ausgangsposition

Abb. 48 b: Rechen in Zählposition

Erreicht der Minutenzeiger die „12", startet das Schlagwerk. Der Schöpfer dreht sich und hebt den Rechen mit jeder Umdrehung einen Zahn weiter, wobei der Einfallhebel in das Zahnsegment eingreifend das Rückfallen des Rechens verhindert. Je Umdrehung des Schöpfers erfolgt ein Schlag. Ist der Rechen wieder in Ausgangsposition (Abb. 48 a), fällt der Einfallhebel gegen den Stoppstift des großen Anlaufrades und gegen den Rechen und stoppt das Schlagwerk. Die Schlagzahl wird also von der Zahl der Zähne des Rechens bestimmt, die ihn der Schöpfer bis zum Erreichen der Ausgangsposition zurücktransportiert, und das wiederum ist davon abhängig, wie tief der Abtastnocken auf die Stundenstaffel gefallen war. Die Position in Abb. 48 b entspricht „9 Uhr".

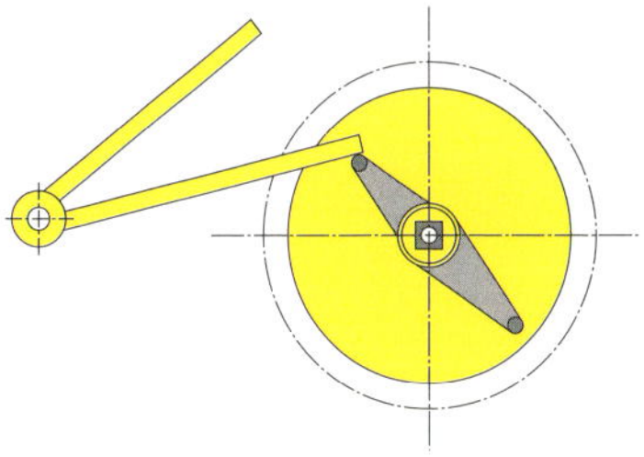

Den Halbstundenschlag löst der näher zur Achse stehende oder kürzere Auslösenocken (Abb. 49) aus, der den Auslösehebel nur so weit anhebt, dass sich der Schöpfer nur einmal für einen Schlag dreht, aber der Rechen in seiner Position bleibt.

Abb. 49: Schema „Auslösenocken für ein Rechenschlagwerk"

Klang und Schlagfolgen

Ursprünglich schlugen Uhren meist auf eine aus Bronze gegossene Glocke. Spezielle Glockenlegierungen wurden geschaffen, um einen klaren und lange nachschwingenden Ton zu erzeugen. Diese Legierungen sind oft hart und zerbrechlich. Bei frühen Schwarzwalduhren finden wir sogar gläserne Glocken, die noch zerbrechlicher, dafür aber in der Herstellung wesentlich günstiger waren. Im 19. Jahrhundert kamen die etwas leiseren Gongstäbe auf, die dann auch zu platzsparenden Spiralen gewunden als Tonfedern in kleineren Uhren Anwendung fanden.

Die Größe der Glocke bzw. die Länge der Tonfeder oder des Gongstabes bestimmt die jeweilige Tonhöhe. Ein Metallhammer erzeugt sowohl bei Glocken als auch bei Tonfedern bzw. Gongstäben einen lauten Klang. Mit hartem Leder bestückt wird der Klang leiser und weicher, was man durch Aufrauen des Leders noch etwas verstärken kann. Grundvoraussetzung für den sauberen Klang vor allem von Tonfedern und Gongstäben ist deren absolut feste Verbindung mit dem als Resonanzkörper wirkenden Gehäuse.

Schlagwerke sind oft sehr phantasievoll ausgerüstet. Es können mehrere Glocken einzeln nacheinander oder gleichzeitig schlagend zu Intervallen zusammengestellt sein. Denken wir nur an den berühmten Westminsterschlag, für den vier Glocken aufeinander abgestimmt sein müssen, oder gar an vom Schlagwerk ausgelöste Musikspielwerke, die zur vollen Stunde ganze Flötenkonzerte veranstalten können.

Seitdem im Bestreben differenzierterer Zeiteinteilung zum bis dahin üblichen Stundenschlag der Halbstundenschlag hinzukam, kann eine akustische Zeitangabe durchaus Rätsel aufgeben: Schlug es gerade „halb eins“, „ein Uhr“ oder schon „halb...“? Wir sind es inzwischen gewohnt, uns mit einem kurzen Blick zur Uhr Klarheit zu verschaffen. Als die Hausuhr im Flur aber einzige Uhr im Haus, oder die Kirchturmuhr die einzige im Dorf war, war das natürlich nicht immer möglich, schon gar nicht in der Nacht. So entstanden im Laufe der Zeit viele originelle Schlagsysteme, die hier Abhilfe schaffen wollten. Nachfolgend die üblichsten Schlagsysteme:

Stundenschlagwerke schlagen jeweils nur die volle Stunde, lösen ggf. zur Mittagszeit z.B. ein Glockenspiel aus.

Halbstundenschlagwerke schlagen zusätzlich mit einem Schlag die halbe Stunde, wobei es mehrere Varianten gibt:

a) Schlag der vollen und halben Stunden auf denselben Klangkörper
b) Schlag der vollen und halben Stunden auf unterschiedliche Klangkörper
c) wie b, jedoch Vollstundenschlag als Zweiklang
d) wie b, jedoch Vollstundenschlag mit je zwei nacheinander klingenden Schlägen (z.B. als Bim-Bam-Schlag auf Tonfedern oder Klangstäbe)

Viertelstundenschlagwerke gibt es in verschiedenen Kombinationen. Die bekanntesten sind die „Petite Sonnerie" und die „Grande Sonnerie", für deren Schlag mindestens zwei Glocken oder Tonfedern erforderlich sind. Bei der Petite Sonnerie wird jede Viertelstunde fortschreitend mit 1, 2, 3 oder 4 einfachen Schlägen angezeigt, wonach dann zur vollen Stunde nach den Viertelschlägen der Vollstundenschlag auf einer tiefer klingenden Glocke ausgeführt wird.

Die „Grande Sonnerie" wiederholt nach jedem Viertelstundenschlag den Stundenschlag der vergangenen vollen Stunde. Diese enorme Arbeit teilen sich die Schlagwerke meist auf zwei Schlagwerke mit jeweils eigenem Federhaus auf. Deshalb haben Uhren mit Viertelstundenschlag insgesamt drei Aufzüge.

Im Beispiel dieser Stockuhr wird links das Stunden- und rechts das Viertelstundenschlagwerk und in der Mitte, wie üblich, das Gehwerk aufgezogen.

Abb. 50: Zifferblatt einer Stockuhr mit Petite Sonnerie und drei Aufzügen

Als „Holländischer Schlag" ist ein Halbstundenschlagwerk bekannt, das den Schlag der jeweils vergangenen vollen Stunde zur darauf folgenden halben Stunde wiederholt. Um den Halbstundenschlag vom Stundenschlag unterscheiden zu können, werden die vollen Stunden mit kräftigem Zweiklang auf zwei Glocken, die halben Stunden auf eine Glocke geschlagen.

Dazu verfügen diese Uhren über zwei voneinander unabhängige, bis auf die Zahl der Hämmer aber identische Schlagwerke, wie das nebenstehende Foto zeigt.

Abb. 51:
Dieses Uhrwerk einer Bodenstanduhr aus der Zeit um 1750 verfügt noch zusätzlich über eine Weckvorrichtung. Der von einer Spindel angetriebene Klöppel schlägt innen gegen die untere Glocke. Eine genauere Beschreibung der Weckerfunktion finden Sie auf der Seite 58.

Abb. 52:
Das Uhrwerk aus Abb. 51 mit Doppelglocke und doppeltem Schlagwerk für den „Holländischen Schlag“

Als letzte Variante sei noch der Schlag der Comtoiser Uhr erwähnt, die den Service bietet, den Stundenschlag etwa nach zwei Minuten zu wiederholen. Man kann also im Zweifelsfalle noch einmal mitzählen. Jetzt ist auch der Schlag „ein Uhr“ deutlich vom Halbstundenschlag unterscheidbar, weil der letztere ohne Wiederholung erfolgt.

Das Wiederholen des Stundenschlages war gerade bei einer als einzige Uhr betriebenen Hausuhr, und als solche waren ursprünglich die mit einer großen Bronzeglocke ausgestatteten und laut tönenden Comtoiser Uhren gedacht, durchaus sinnvoll.

Comtoiser Uhren wurden bis ca.1950 noch in traditioneller Weise und in unveränderter Charakteristik in der Franche Comté (Burgund, daher auch Burgunderuhr) gebaut; allerdings hat sich mit Ende des 19. Jh. auch hier der Ankergang durchgesetzt.

Die abgebildete Comtoise hat noch Spindelgang und ein für den Transport zusammenlegbares Faltpendel.

Der Aufzug erfolgt mittels Kurbel entgegen dem Uhrzeigersinn, was an der asymmetrischen Anordnung der Gewichte zu erkennen ist.

Abb. 53: Comtoise oder Burgunderuhr aus der 2. Hälfte 19. Jh.

Von all den hier aufgeführten Schlagsystemen ist die Grande Sonnerie in ihrer Aussage zweifellos die eindeutigste Variante, wohl aber auch die aufwändigste, und sicherlich kann das viertelstündlich ertönende Glockenkonzert auf Dauer sehr störend sein. Deshalb bieten menschenfreundliche Uhren dieses Typs meist die Möglichkeit, den Schlag abstellen zu können.

Repetiereinrichtungen

Erinnern wir uns noch einmal an den gravierenden Unterschied zwischen Schlossscheiben- und Rechenschlagwerk: Das Schlossscheibenschlagwerk schreitet mit jedem Auslösen des Schlages einen Halbstundenschritt voran, während das an die Zeigerstellung gekoppelte Rechenschlagwerk mit der Zeitangabe in Einklang bleibt. Wenn Sie also ein Rechenschlagwerk bei unveränderter Zeigerstellung mehrfach hintereinander auslösen, ertönt stets die gleiche Anzahl der Glockenschläge. Vermutlich hatte *Edward Barlow* mit seiner Erfindung des Rechenschlagwerkes bald erkannt, dass sich mit wenig Aufwand als ein nicht zu unterschätzendes „Nebenprodukt" die Möglichkeit der Repetition, also der Wiederholung der zuletzt erklungenen Zeitangabe, realisieren ließ. Dazu war es nur erforderlich, den eigentlich ja von den Nocken des Minutenrohres betätigten Auslösehebel nach außen zu verlängern, um ihn durch Fadenzug oder Knopfdruck betätigen zu können.

Abb. 54: Verlängerung des Auslösehebels

In Abb. 54 ist dargestellt, wie man durch Verlängerung des Auslösehebels und mittels Fadenzug auf einfache Weise eine Vorrichtung zum Auslösen der Repetition schaffen kann.

Es verwundert also nicht, dass sehr viele Uhren mit Rechenschlagwerk über solch eine Zusatzeinrichtung zur Repetition verfügen, die dann auch im Dunkeln eine ungefähre Zeitabfrage ermöglicht. Bei komplizierteren Uhren geht die Differenzierung der abfragbaren Uhrzeit noch über die Viertelstunde hinaus. Eine Minutenrepetition findet sich allerdings nur in Taschenuhren, wo eine Repetiermöglichkeit unterwegs und im Dunkeln hilfreich sein kann. Die Repetitionsmechanik in Taschenuhren ist erheblich komplizierter als in Großuhren. Ihre Erfindung wurde nach einem Streit zwischen *Edward Barlow* und seinem Landsmann *Daniel Quare* schließlich Letzterem zuerkannt.
Bei frühen Großuhren mit Petite- und Grande Sonnerie kann die Repetition in aller Regel auch bei abgeschaltetem Schlagwerk ausgelöst werden. Viele Repetitionsuhren bieten noch die Möglichkeit, die Repetition abstellen zu können, was vermutlich unbefugtes Hantieren an der Uhr verhindern soll.

Die auf Seite 53 in Abb. 50 abgebildete Wiener Stockuhr bietet folgende Schaltmöglichkeiten:

- Uhr schlägt und repetiert
- Uhr schlägt nicht und repetiert
- Uhr schlägt und repetiert nicht
- Uhr schlägt nicht und repetiert nicht

Weckerwerke

Wenigstens so wichtig wie die akustische Zeitangabe ist es in früherer Zeit wohl gewesen, zu einer an der Uhr vorgewählten Zeit geweckt zu werden. Der Wecker ist wahrscheinlich sogar die erste Zusatzfunktion einer Uhr und schon bei Uhren der ersten Hälfte des 14. Jh. anzutreffen. Der Wecker, wie wir ihn bis heute als „Wecker“ kennen, entspringt jedoch der Neuzeit. Diese industriell gefertigten Wecker stellen ein spezielles Gebiet dar, das aber im Rahmen unseres Vorhabens nicht behandelt werden soll. Doch die Weckvorrichtung in Großuhren ist ein so wichtiger und darüber hinaus so interessanter Bestandteil, dass wir uns Klarheit über ihre Funktionsweise verschaffen wollen. Am Beispiel eines frühen Uhrwerkes – an ihm hatten wir schon den „Holländischen Schlag“ kennen gelernt – ist die Mechanik eines Weckerwerkes gut nachvollziehbar (Abb. 55):

Abb. 55: Weckerwerk um 1760

Das in Abb. 55 dargestellte Weckerwerk wird durch Gewicht und Seilzug über die im Uhrzeigersinn wirkende Seilzugrolle angetrieben. Ein großes Gangrad, wie es uns schon vom Spindelgang bekannt ist, treibt die hin und her schwingende Hammerwelle an. Dabei schlägt hier der Hammer im Inneren der Glocke gegen deren untere Kante (die Glocke ist zur besseren Darstellung fortgelassen). Die Weckfunktion wird durch den Auslösehebel gestartet, der im Ruhezustand vor dem Schlagen auf dem hohen Teil der schneckenförmigen Weckereinstellscheibe liegt. In dieser Position hält der nach oben gerichtete Haken den Auslösenocken am äußeren Umfang des Gangrades fest. Wenn nun die sich mit dem Stundenzeiger mitdrehende Weckerstellscheibe die Weckzeit erreicht, fällt der Auslösehebel und gibt das Gangrad frei. Diesen Zustand finden wir gerade in der obigen Abbildung vor.
Der Wecker tönt nun so lange, wie ihm die Seillänge des Weckergewichtes dazu Gelegenheit gibt. Die Seilzugrolle ist nicht fest mit dem Gangrad

verbunden, sondern nimmt dieses nur im Uhrzeigersinn drehend mit, also nur um die Spindel zu bewegen. Beim Aufziehen löst sich die Seilzugrolle vom Gangrad, sodass die Spindel während des Aufziehens ruht.

Abb. 56

Abb. 57

Abb. 56/57: Zifferblatt mit Weckereinstellscheibe einer Bodenstanduhr um 1760

Der am Stundenzeiger fest angebrachte dornenförmige Weckerzeiger weist auf die eingestellte Weckzeit „1 Uhr". Die drehbare Einstellscheibe mit der Skalierung von 1 bis 12 ist mit dem hinter dem Zifferblatt befindlichen „Herzrad", dessen Einschnitt nun auch auf „1 Uhr" steht, gekoppelt. Zum Einstellen der Weckzeit wird die Einstellscheibe so weit gedreht, bis der Weckerzeiger auf die Weckzeit zeigt, wobei sich gezwungenermaßen das Herzrad dann ebenfalls auf die Weckzeit eingestellt hat.

Ähnlich funktioniert auch das Schlagwerk in den alten Schwarzwalduhren. Es war in seinen Bauteilen entsprechend der Gegebenheiten der arbeitsteiligen Heimarbeit einfach, aber genial konzipiert.

Einstellscheibe und hölzernes Herzrad bilden eine Baueinheit, die durch das Zifferblatt auf das Stundenrohr aufgeschoben wird.

Abb. 58: Kleines Schwarzwalduhrwerk mit Wecker, 2.Hälfte 19.Jh.

Eine besondere Bedeutung hatten Wecker natürlich in solchen Uhren, die man mit auf Reisen nehmen konnte. Aus den Taschenuhren der zweiten Hälfte des 17. Jh., in denen Wecker schon vor der Erfindung der Repetition anzutreffen sind, entstand durch die Vergrößerung aller Details zunächst die robustere „Kutschenuhr“ (Abb. 59) als überdimensionierte Taschenuhr.

Abb. 59:
Silberne Kutschenuhr von *Thomas Windmills*, London 1729:
Werk mit Spindelgang, Repetition, Wecker und Stundenschlagwerk, (Historisches Museum Basel)

Nur die Abmessungen (Durchmesser 16 cm, Dicke 9 cm) machen deutlich, dass dies keine Taschenuhr ist. Die Weckereinstellscheibe – auch hier im Zentrum des Zifferblattes – steht auf „etwas nach ½ zwei Uhr“.

Dem Bedarf an Reiseuhren für das Militär entsprechend entstanden gegen Ende des ausgehenden 18. Jh die großen prismenförmigen „Offiziersuhren“ mit Tragegriff, deren Weiterentwicklung wir in den verglasten Reiseuhren des 19. Jahrhunderts wiederfinden. Diese Reiseuhren sind ein so beliebtes Sammelgebiet, dass wir das Thema Reiseuhren als Grenzgebiet zwischen den uns ja eigentlich interessierenden Großuhren und den sogenannten tragbaren Uhren am Ende des Abschnitts „Weckerwerke" jetzt noch kurz streifen wollen.

Während Kutschenuhren extrem selten und entsprechend teuer und meist nur noch in Spezialauktionen erstanden werden können – ähnlich steht es auch um die Offiziersuhr –, sind die allseits verglasten Reiseuhren je nach Ausführung und Qualität noch erschwinglich. Die besseren Exemplare haben Ankergang mit Unruh, die einfacheren „Zylinderhemmung". Zur Minimalausstattung einer Reiseuhr gehört neben dem Gehwerk mindestens eine Weckvorrichtung. Der Wecker hat immer einen separaten Aufzug mit eigenem Federhaus. Der Weckruf kann sowohl auf eine Tonfeder als auch auf eine Glocke geschlagen werden. Die Glocke ist meist im Boden des Gehäuses untergebracht, die Tonfeder stets sichtbar an der Rückseite des Uhrwerkes.

Abb. 60: Reiseuhr, Frankreich um 1890, mit Stundenschlag, Wecker und Repetition

Weitere Details rund um das Uhrwerk

Nun haben wir uns bisher hauptsächlich mit den sich bewegenden Teilen und Baugruppen einer Uhr befasst und dabei völlig außer Acht gelassen, dass es darüber hinaus ja noch eine Vielzahl wichtiger Bauteile gibt, die für das ordentliche Funktionieren unabdingbar sind. Das Räderwerk wird vom Werkgestell zusammengehalten, die einzelnen Radwellen sollen sich möglichst leicht und reibungsarm in Lagern drehen lassen, Gesperre arretieren den Federkern oder das Kettenrad entgegen der Aufzugsdrehrichtung, und schließlich muss das Uhrwerk noch mit Zifferblatt und Zeigern versehen sein, um schließlich als komplette Einheit in einem dekorativen Gehäuse seinen Dienst leisten zu können.

Werkgestelle

Werkgestelle halten nicht nur das Räderwerk zusammen, sie sichern auch den korrekten Achsabstand der miteinander in Eingriff stehenden Räder sowie die exakte Position der Hemmung. Sie tragen zusätzliche Bauteile, wie z.B. die Pendelaufhängung, Glocken u.s.w. Das Werkgestell nimmt alle im Uhrwerk auftretenden Kräfte auf und muss bei gewichtsbetriebenen Uhren auch die teilweise sehr schweren Gewichte tragen.
Im Laufe der Jahrhunderte haben die Werkgestelle in der Konstruktion und auch im Material erhebliche Veränderungen erfahren:

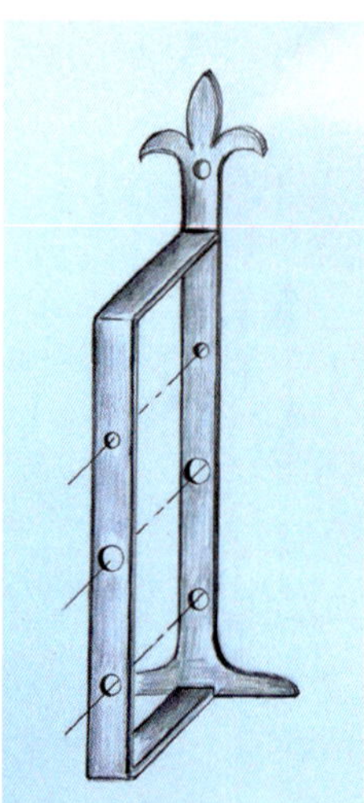

Abb. 61:
Flachrahmen

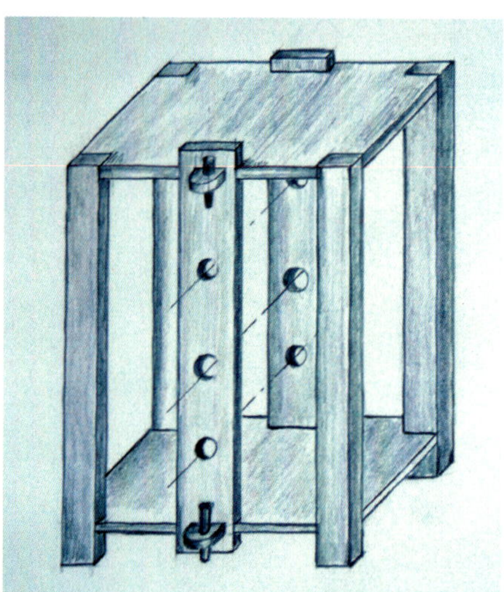

Abb. 62:
Prismenkörper mit Lagerbändern

Bei den ersten Räderuhren reichte ein einfacher Flachrahmen (Abb. 61) aus, die wenigen Räder dieser noch einfach ausgestatteten Uhren zu tragen. Ihm folgte der prismenförmige Grundkörper mit einem abnehmbaren Paar Lagerbänder (Abb. 62). Mehrere Lagerbandpaare führten dann zur Lagerband-Blockbauweise (Abb. 63). Diese frühen Werkgestelle bestehen aus Schmiedeeisen, respektive Stahl, wie wir heute sagen würden.

Abb. 63: Lagerband-Blockbauweise

Abb. 64: Graviertes Vollplatinenwerk

In den Comtoiser Uhren wurde die Lagerband-Blockbauweise sogar noch bis etwa 1950 beibehalten.

Neben der Lagerband-Blockbauweise etablierte sich dann vor allem in Frankreich und England die uns schon durch viele Abbildungen bekannte Platinenbauweise, in der das Räderwerk zwischen zwei von Pfeilern auf Abstand gehaltenen Messingplatinen läuft.

Da bot die Rückseite eines solchen Platinenwerkes sich natürlich als Fläche für künstlerische Gestaltung an, wie die nebenstehende Abbildung der wunderschön gravierten Platine einer Wiener Stockuhr aus der Mitte des 18. Jh. zeigt.

Lager für Wellen und Achsen

Üblicherweise finden wir in Uhrwerken sogenannte Gleitlager. Das sind im einfachsten Fall Bohrungen in den Platinen, in denen sich die Zapfen der Wellen drehen. Dabei tritt je nach Glätte der Oberfläche, Schmierung und Sauberkeit ein mit der Zeit unvermeidbarer, mehr oder weniger starker Verschleiß auf, der schließlich ein Uhrwerk zum Stehen bringen kann. Das ist dann meistens das Ende einer Uhr, wenn man nicht zu der allerdings recht kostenträchtigen Wiederbelebung durch Erneuerung der Lager oder Zapfen oder gar beider Teile bereit ist.

Bei den allerersten Uhren liefen die Zapfen der Räder „Stahl auf Stahl" in den Bohrungen der Lagerbänder, was zum „Einlaufen" der Lager und auch der Zapfen führte.

Beim näheren Betrachten des stählernen Lagerbandes (Abb. 65) fällt uns auf, dass die Zapfen der Wellen in Messingbuchsen gelagert sind. Das hat gute Gründe. Zum einen gleitet Stahl sehr gut auf Messing und zum anderen wird der stählerne Zapfen geschont. Verschleiß wird weniger an den Zapfen, dafür aber mehr an den Lagern auftreten, und deren Ersatz gestaltet sich wesentlich einfacher als die Reparatur der Zapfen.

Abb. 65: Lagerband mit Messingbuchsen

Messing ist also ein idealer Werkstoff für Gleitlager. Das war neben dem Aspekt des Dekorativen ein wesentlicher Grund für die Einführung der Vollplatinen aus Messing, konnte man jetzt doch die Lager direkt in die Platine bohren.

Das auf der gegenüberliegenden Seite 65 in Abb. 66 abgebildete Vollplatinenwerk zeigt weitere Details zum Thema Lager:

Die Lagerbohrungen münden alle in eine runde Vertiefung, die „Ölsenkung" (1), die das Öl für den erforderlichen Schmierfilm zwischen Zapfen und Lager aufnimmt und dann vor allem an dieser Stelle halten soll. Ohne diese Ölsenkung würde sich das Öl mit der Zeit auf die Platine verziehen.

Das mit 2 bezeichnete Lager trägt den vorderen Zapfen der Ankerwelle. Der Anker ist separat an der Platine angebracht, damit eine Funktionsprobe des Räderwerkes ohne Hemmung durchgeführt werden kann. Das als runde Scheibe eingepresste Lager hat eine exzentrische Lagerbohrung. Mit einem Schraubendreher kann man den richtigen Eingriff der Ankerpalette in das Ankerrad einstellen.

Separate Lager, wie das mit 3 gekennzeichnete, erleichtern das Zusammensetzen des Uhrwerkes enorm, wie wir später noch erfahren werden. Der Lagerkloben 4 führt eine Welle, deren Zahnrad eine Funktion außerhalb der beiden Platinen hat. Solche Kloben ersetzen gewissermaßen eine dritte Platine. Sind diese Lager mit zwei Füßchen auf der Platine befestigt, sprechen wir von einer Brücke.

1: Ölsenkung
2: vorderes Lager der Ankerwelle, exzentrisch und verstellbar in aufgesetzten Kloben eingelassen
3/4: aufgesetzte Kloben mit Lagerbohrung und Ölsenkung

Abb. 66: Lagervarianten

Nur selten werden wir in normalen Großuhren Steinlager finden, wie sie in Kleinuhren als Qualitätsmerkmal gelten und deren Lebensdauer wesentlich erhöhen. Abschließend wollen wir sie aber dennoch zur Kenntnis nehmen, denn sie begegnen uns auf jeden Fall in den Echappements der schönen Messing-Reiseuhren, die wir ja auch zu den Großuhren zählen:

Abb. 67: Rubinlager: Auswechselbarer Hemmungsbaustein (Echappement oder Aufsatzhemmung)

Gesperre

Gesperre arretieren den Federkern bzw. den Aufzugsvierkant während des Aufziehens der Feder gegen die Rückwärtsdrehung und halten so die Federspannung in der aufgewundenen Feder fest. Bei Federzuguhren finden wir sie in der Regel unter dem Zifferblatt auf der vorderen Platine.

Abb. 68: Gesperre für Schlag- und Gehwerk

Beim Aufziehen gleitet der von der Sperrkegelfeder gegen das Sperrrad drückende Sperrkegel über die Zähne des Sperrrades hinweg und rastet beim Loslassen des Schlüssels in die nächstliegende Zahnlücke ein.

Bei gewichtsbetriebenen Ketten- und Seilzuguhren ist das Gesperr mit dem Kettenrad bzw. dem Walzenrad kombiniert.

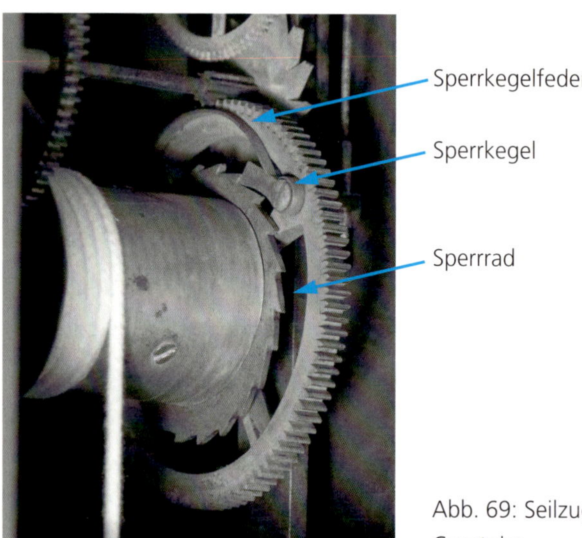

Abb. 69: Seilzuggesperr an einer Comtoise

Federzuguhren mit Antrieb über Schnecke und Kette benötigen sogar ein zweites Gesperr und zwar zwischen der Schnecke und dem Schneckenrad, damit sich die Schnecke während des Aufziehens über dem stillstehenden Schneckenrad hinwegdrehen lässt. Nach der Aufzugbewegung nimmt der in der Schnecke angebrachte Sperrkegel das Schneckenrad mit und treibt das Uhrwerk weiter an.

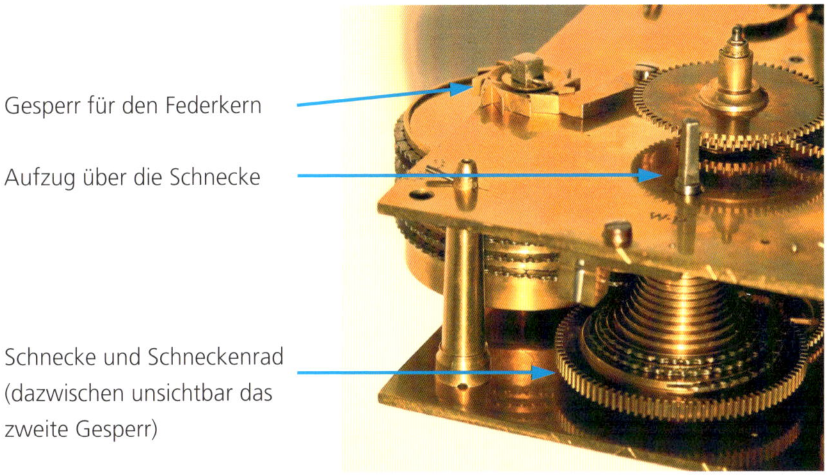

Abb. 70: Gesperr im System Schnecke-Kette einer engl. Pendeluhr mit Ankergang (Mitte 19. Jh)

Das Gesperr des Federkerns erleichtert bei der Montage des Uhrwerks das Aufziehen der Kette auf das Federhaus und ermöglicht die Erzeugung einer gewissen Federvorspannung, die verhindert, dass die aufgewickelte Kette nach dem Einhaken in die Schnecke vom Federhaus abgleitet. Darüber hinaus, und das gilt gerade für die im Gang sehr von der Federspannung abhängigen Spindeluhren, kann über die Federvorspannung eine ungefähre Voreinstellung des Ganges vorgenommen werden.

Im Gegensatz zu regulären Federzuguhren, bei denen ja auch während des Aufziehens die noch in der Feder vorhandene Restspannung weiter auf das Räderwerk wirken kann, bleiben gewichtsbetriebene Uhrwerke, aber auch über Kette und Schnecke angetriebene Federzugwerke im Augenblick des Aufziehens stehen. Manche Uhr verfügt deshalb über ein sogenanntes Gegengesperr, bei dem in der kritischen Phase des Aufziehens eine Hilfsfeder für den weiteren Fortgang des Uhrwerkes sorgt.

Das Uhrwerk im Uhrgehäuse

Ein noch so schönes Uhrwerk wird natürlich erst dann eine komplette Uhr, wenn es, mit Zifferblatt und Zeigern ausgerüstet, seinen Platz in einem stilvollen und vor allem zweckmäßigen Gehäuse gefunden hat, welches die kostbare Technik vor Staub und aggressiven Umwelteinflüssen schützt und vielleicht sogar auch noch als Resonanzkörper für den Wohlklang des Schlages dient. Der Zielsetzung dieses Buches entsprechend wollen wir hier nur der praktisch-technischen Frage nachgehen, wie denn Uhrwerk, Zifferblatt und Gehäuse zusammenkommen.

Für die Endmontage und für die eventuell erforderlichen Regulierungs-, Kontroll- und Einstellmaßnahmen ist es natürlich vorteilhaft, wenn das mit Zifferblatt und Zeigern versehene Uhrwerk als funktionsfähige Einheit außerhalb des Uhrengehäuses betrieben werden kann. Dieser Bedingung entsprechen in besonderem Maße die runden Einsteckwerke französischer Pendulen; sie tragen in der Regel sogar noch an der hinteren Platine die Glocke. Nur das Pendel muss nachträglich eingesetzt werden.

Abb. 71: Einbauposition eines Pendulenwerkes: Mit zwei Schrauben wird das Uhrwerk zwischen Vorder- und Rückseite des Gehäuses verspannt.

Die Abb. 72 auf der gegenüberliegenden Seite zeigt uns in schematischer Schnittdarstellung, wie das Uhrwerk mit dem Zifferblatt an der „Lünette" befestigt ist. Unter der Lünette versteht man die verzierende Einfassung bzw. Umrahmung des Zifferblattes.

In vorliegendem Beispiel ist die Lünette gleichzeitig das Verbindungselement zwischen Uhrwerk und Uhrgehäuse.

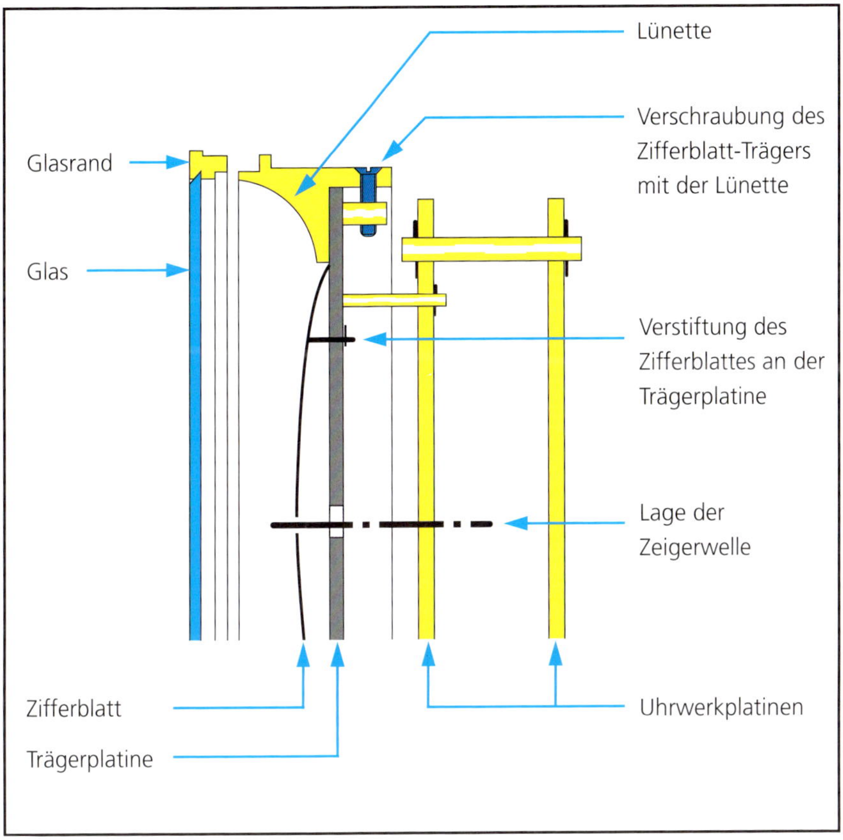

Abb. 72: Montage des Uhrwerkes über die Trägerplatine

Vergleichen wir jetzt das Foto (Abb. 71) mit dem Schema (Abb. 72). Der Glasrand ist mit einem Scharnier (in der Abb. 72 nicht sichtbar) an der Lünette angebracht. Letztere trägt meist über drei Schrauben fixiert die Trägerplatine, an der nach links das Zifferblatt und nach rechts das Uhrwerk jeweils mit Vorsteckstiften befestigt ist. Diese Anordnung finden wir fast immer bei der Verwendung von Emaillezifferblättern. Die „Füßchen", mit denen das Zifferblatt an der Trägerplatine befestigt ist, sind sehr dünn und meist aus Kupfer, um zu verhindern, dass beim ggf. nötigen Biegen das Emaille beschädigt wird. Entsprechend sehr dünn sind natürlich hier auch die Vorsteckstifte. Die Trägerplatine ist mit drei stabilen Füßchen aus Messing an der vorderen Platine des Uhrwerkes verstiftet.

Eine beliebte Bauart stellen die sogenannten Portaluhren dar. Der Begriff „Portaluhr" steht für Pendulen, in denen das Uhrwerk sich unter oder in einem von Säulen getragenen Kapitell befindet. Im vorliegenden Beispiel (Abb. 73) einer französischen Portaluhr aus dem Biedermeier erkennen wir den Einbau: Der Werkträger ist die mit je einer Schraube an die vorderen Säulen und das Kapitell angeschraubte Lünette, in die das Werk komplett mit Zifferblatt im Bajonettsystem eingedreht wird.

Abb. 73: Werkbefestigung in einer Portaluhr:
Mit nur einer Schraube wird das Zifferblatt, nachdem es genau ausgerichtet wurde, am unteren Rand fixiert.

Abb. 74: Werkbefestigung in einem Kristallregulator:
Ganz ähnlich wie bei Portaluhren sind die Uhrwerke in Kristallregulatoren, den großen Geschwistern der Reiseuhren, eingebaut.

Auch viele Standuhrwerke und Werke von Regulatoren können komplett mit Zifferblatt und Zeigern aus dem Gehäuse herausgenommen und auch so wieder eingebaut werden.

Abb. 75: Werkträger aus Holz

Abb. 76: Werkträger aus Gusseisen

Anders verhält es sich mit Uhren, bei denen das Zifferblatt oder auch der Zifferblattträger Bestandteil des Uhrgehäuses ist (Beispiel Abb. 77/78), denn hier müssen vor der Demontage die Zeiger abgenommen werden.

Abb. 77 / 78: Biedermeieruhr aus dem Schwarzwald: Das Werk dieser Schwarzwalduhr wird mit je einem Stift links und rechts an der Gehäusevorderwand befestigt (Pfeil).

Mit Blick auf Abb. 80 wird ein bei Schwarzwalduhren verbreitetes Problem deutlich: Die von den Aufzuggewichten ausgeübte Zugbelastung führt nicht selten und vor allem bei in „die Jahre" gekommenen Uhrwerken zu einem Verzug des Werkgestelles. Die Folge kann im Extremfall sein, dass sich die Zapfen in den Lagern verklemmen. Gerade in geschlossene Wanduhrgehäuse eingebaute Werke sind dieser Gefahr ausgesetzt. Besser ergeht es den Werken in Bodenstanduhren, wenn sie, wie hier abgebildet, auf hölzernen Werkträgern stehen. So hat auch dieses schöne frühe Schwarzwalduhrwerk in seinen alten Tagen noch einen erholsamen Platz in einem neuen „Zuhause" gefunden.

Abb. 79: Frühe Schwarzwalduhr in neuerem Gehäuse

Abb. 80: Schwarzwalduhrwerk auf Holzträger

Diese alte Uhr – das Schlagwerk ist noch hinter und nicht wie später üblich neben dem Gehwerk angeordnet – war als Wanduhr an ihrer Rückseite frei aufgehängt, und da war die Biegebelastung entsprechend der hohen Werktiefe ganz besonders groß. Doch nun kann sie, auf ihrem hölzernen Träger sicher ruhend, noch so manches Jahrzehnt Dienst tun.

Werfen wir abschließend noch einen kurzen Blick auf die Werkmontage der verglasten Reiseuhren, die uns wie die Kristallregulatoren schon alleine dadurch faszinieren, dass sie uns großzügigst Einsichtnahme in ihre sehr schönen Uhrwerke und vor allem deren Funktion gewähren.

Bei diesen Reiseuhren stehen die Werke stets als komplette Baueinheit mit beiden Platinen auf der Gehäusegrundplatte, mit der sie von unten in die unteren Werkpfeiler hinein verschraubt sind. Um am Uhrwerk arbeiten zu können, wird zunächst das Gehäuse von der Grundplatte entfernt. Dazu werden die vier Schrauben (Abb. 83), mit denen die Eckprofile an der Grundplatte befestigt sind, gelöst. Dabei ist nun große Vorsicht geboten,

Abb. 81

Abb. 82

Abb. 83

weil jetzt die ganze Konstruktion ziemlich instabil wird. Besonders ist auf die Tür zu achten, die jetzt sehr leicht herausfallen kann. Bei Kristallregulatoren, deren Gehäuse genauso aufgebaut sind, betrifft dies sogar zwei Türen. Es empfiehlt sich sehr, Glastüren und Scheiben mit Klebeband zu fixieren. Für die spätere Montage ist es durchaus hilfreich, wenn Sie die Einzelteile des Gehäuses beschriften, da sie in Handarbeit mit Passstiften versehen sind und deshalb nur auf eine bestimmte Stelle genau passen.

Uhrentypen

Wenn wir uns die Mühe machen wollten, alles, was da tickt, in Kategorien gleichgearteter oder zumindest verwandter „Ticker“ zu unterteilen, hätten wir schon große Probleme beim Erfassen von Eigenschaften und Merkmalen, nach denen wir Kategorien bilden könnten. Ein technisch interessierter Sammler würde vielleicht nach Hemmungssystemen, also Spindeluhren, Ankeruhren, Pendeluhren u.s.w. unterscheiden, der Ästhet würde sich überwiegend an äußeren Merkmalen, z.B. der Stilrichtung, orientieren, der historisch Interessierte an der Geschichte der Zeitmessung, der Heimatbewusste an für eine Region typische Uhren, der Musikliebhaber hätte seine Freude an Flötenuhren, für einen Anderen wiederrum wäre es interessant, Uhren einer bestimmten Marke zu sammeln – Sie sehen, die Vielfalt ist enorm! In einer stillen Stunde habe ich einmal ganz unsortiert Begriffe notiert, die auf -uhren enden, also Taschenuhren, Anker uhren, Spindeluhren, Kleinuhren, Kuckucksuhren, Weckeruhren, Tisch uhren u.s.w. – ich kam auf über fünfzig Bezeichnungen für Uhrentypen und brach dann dieses Experiment, ohne an ein Ende gekommen zu sein, ab.

In der Uhrenwelt hat sich ein Einteilungsschema bewährt, das in etwa auch der Entwicklungsgeschichte der Räderuhr entspricht; wir wollen es hier zur überschlägigen Orientierung benutzen:

Großuhren	Wanduhren Tischuhren Standuhren Bodenstanduhren	stationäre Uhren
	Reiseuhren	mobile Uhren
Kleinuhren	Halsuhren Taschenuhren Armbanduhren	am Körper zu tragende Uhren

Wie selbsterklärend die Kategorien auch sein mögen, ganz so einfach ist die Zuordnung der Unterkategorien allerdings nicht. Als „Wanduhr“ wird zwar eine jede Uhr bezeichnet, die zum Aufhängen an die Wand konzipiert ist, nicht aber die auf einer an der Wand befestigten Konsole stehende „Konsoluhr". Die bezeichnen wir allerdings nur dann als „Konsoluhr", wenn Uhrgehäuse und Konsole eine gestalterische Einheit bilden. Besteht diese gestalterische Einheit nicht, sprechen wir von einer Stockuhr, also von einer auf einem „Stock" (Stock = Balken > Stockwerk) stehenden Uhr. Stockuhren werden auch als Stutzuhren bezeichnet, wenn sie dem Oberteil einer „gestutzten" Bodenstanduhr ähneln. Irritiert Sie jetzt der Begriff „Bodenstanduhr"? In der Fachsprache bezeichnet man eine Uhr, die – wo auch immer sie stehend ihren Dienst tut, als „Standuhr". Folgerichtig ist also die Stutzuhr auch eine Standuhr. Uhren, die wegen ihrer Größe auf den Fußboden gestellt werden, bilden die Kategorie der Bodenstanduhren. Sie kamen jedoch erst später, und zwar mit der Einführung des langen Pendels gegen Ende des 17. Jh. in Mode. In England macht man noch den netten Unterschied zwischen der großen „grandfatherclock" und der „grandmotherclock" für die kleineren Bodenstanduhren unter 1,7 m Höhe.

Unter einer „Tischuhr" versteht man streng genommen eine auf dem Tisch stehende Uhr, die dort z.B. durch horizontale Anordnung des Zifferblattes allseitig einsehbar ist. Der Begriff „Tischuhr" gilt in allgemeinerem Sinn aber auch für Stock- bzw. Stutzuhren und Pendulen. Auf einen Kaminsims gestellt wird aus der Pendule eine Kaminuhr, wenn sie rechts und links von je einem mit ihr in Gestaltungseinheit gefertigten Kerzenleuchter flankiert ist. Eigens für den Kaminsims hergestellte Uhren bestehen immer aus feuerfesten Werkstoffen, wobei Bronze und Marmor vorherrschen.

Es fällt die Reiseuhr auf, die sowohl der Gruppe der Großuhren als auch der Kategorie der tragbaren Uhren zugeordnet ist. Tragbar sind Reiseuhren natürlich schon, aber nicht am Körper, und am Körper zu tragende Uhren bilden eben die Gruppe der „Kleinuhren". Die hier aufgeführte „Halsuhr" ist übrigens ein direkter Abkömmling der frühen dosenförmigen Tischuhr des 16. Jahrhunderts, die – entsprechend verkleinert – um den Hals getragen wurde. Aus ihr entwickelte sich dann über die im Hosensack zu tragende Sackuhr die Taschenuhr unserer Großväter und schließlich die heutige Armbanduhr.

Obwohl dieses Buch nicht ein „Bilderbuch" über alte Uhren sein will, ist es jetzt vielleicht an der Zeit, einmal alle die Uhren in voller Ansicht vorzustellen, die uns in den bisherigen Abhandlungen schon ihre „inneren Werte" oder zumindest in Detailansicht ihre Existenz offenbart hatten. Begleiten Sie mich zu den Beschreibungen und Bildern auf den nächsten Seiten:

Abb. 84, 85 und 85 a:
Große Bodenstanduhr von *Mathias Stams* / Deutschland 1767;
auf dem Zifferblatt datiert und signiert

Die Uhr hat drei nebeneinander angeordnete, unabhängig voneinander arbeitende Werke in schmiedeeiserner Lagerband-Blockbauweise:
In der Mitte das Gehwerk, rechts ein Schlagwerk auf nur eine Glocke für den Halbstundenschlag und links das Schlagwerk auf zwei Glocken für die vollen Stunden (Holländischer Schlag).
Zusätzlich besitzt die Uhr noch eine Weckeinrichtung.
Der Weckerklöppel schlägt innen gegen die untere der beiden übereinander stehenden Bronzeglocken.
Die beiden Schlagwerke und das Gehwerk werden jeweils von einem 10 kg schweren Bleigewicht angetrieben, wobei die effektive Zugkraft mit Hilfe von Umlenkrollen jeweils halbiert wird.
Ungewöhnlich ist das sich nach unten verjüngende Gehäuse. Unter- und Mittelteil sind aus Kirschbaum, das Oberteil ist aus Eiche und mit Kirschbaum furniert. Es kann komplett mit dem Uhrwerk abgehoben werden.

Abb. 84

Abb. 85

Abb. 85 a

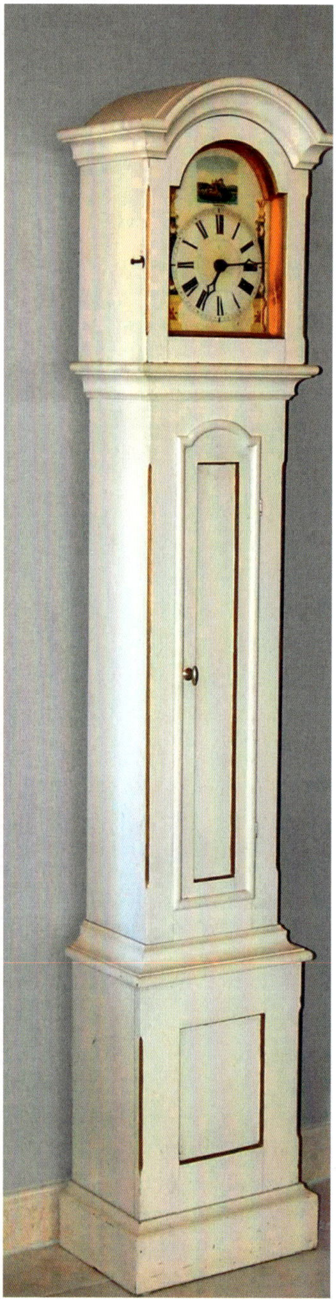

Abb. 86

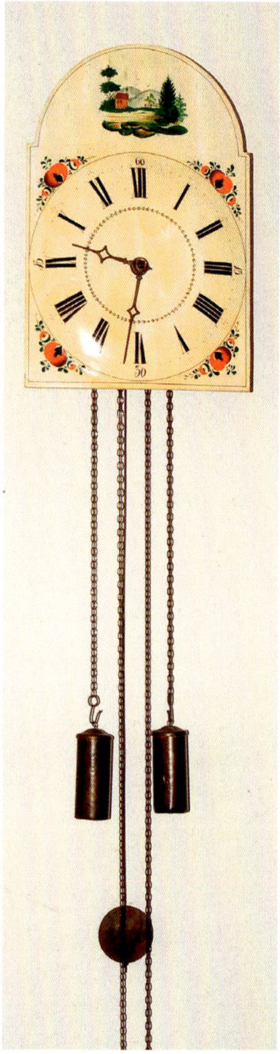

Abb. 87

Abb. 88

Abb. 86:
Schwarzwälder Lackschilduhr um 1830
mit Stundenschlag auf Bronzeglocke,
nachträglich als Bodenstanduhr ausgestattet

In diesem noch recht frühen „holzgespindelten" Uhrwerk – die Radwellen sind aus Holz gedrechselt und tragen nur am Ende je einen Metallstift als Zapfen (S. 72 Abb. 80) – liegt das Schlagwerk nicht, wie erst später üblich, neben, sondern hinter dem Gehwerk. Das nur einen Tag laufende Werk hat den üblichen Blechankergang mit langem Pendel. Die schwarzen Zeiger sind aus Hartholz gearbeitet. Im Bogen des Schildes ist eine Stadtansicht von Sigmaringen zusehen.

Abb. 87:
Schwarzwälder Lackschilduhr um 1850
mit Stundenschlag auf Bronzeglocke

Auch dieses Uhrwerk ist „holzgespindelt", doch liegen hier Schlag- und Gehwerk schon nebeneinander. Die Zeiger sind aus Messing gegossen und bearbeitet.
Uhren dieser Art werden nach dem Schottenhof im Schwarzwald, auf dem sie in großer Zahl hergestellt wurden, auch als „Schottenuhren" bezeichnet.

Abb. 88:
Comtoiser Uhr / Burgunderuhr, Frankreich um 1850
Spindelgang, Schlag auf Glocke

Die Bezeichnung „Comtoiser Uhr" bezieht sich auf die Region „Franche Comté", in der dieser Uhrentyp bis zum Ende des 19. Jh. hergestellt wurde. Wie die Schwarzwälder Schottenuhr wurde auch die Comtoise sehr gerne in Bodenstanduhrgehäuse eingebaut.
Die hier abgebildete Uhr hat ein sogenanntes Faltpendel. Es kann dank zweier Gelenke auf etwa $1/3$ seiner Länge zusammengefaltet werden, was den Transport erheblich erleichtert. Prunkvolle „Prachtpendel", passend zu den geprägten Zifferblattumrandungen, sind für die jüngeren Exemplare charakteristisch.

Abb. 89:
Biedermeier Rahmenuhr mit Halbstundenschlag
auf Tonfeder, Schwarzwald um 1870

Das Ein-Tag-Blechanker-Uhrwerk ist noch traditionell in Holzrahmenbauweise aufgebaut, die Wellen sind aber bereits durchgehend aus Stahl. Die Zahnräder wurden, wie bei Schwarzwalduhren üblich, gegossen und sauber bearbeitet.

Abb. 90:
Biedermeier Rahmenuhr mit Weckvorrichtung,
Halbstundenschlag auf Tonfeder, Schwarzwald um 1870

Typisch für diese bäuerlich bemalten Rahmenuhren sind auch die beiden kleinen Porzellan-Säulen. Das abgebildete Pendel ist nicht original, passend wäre hier ein längeres Pendel mit entsprechend leichterer Pendellinse.

Abb. 91:
Federzugregulator um 1900
mit Schlag auf Tonfeder, Graham-Ankergang

Das Gitterrostpendel täuscht hier wie in den allermeisten Fällen bei diesem massenweise produzierten Uhrentyp ein Kompensationspendel vor, um der Bezeichnung „Regulator" zumindest optisch zu entsprechen.
Die Bezeichnung „Regulator" ist in strengem Sinn jedoch besonders genau gehenden Uhren mit wirklichen Kompensationspendeln vorbehalten. Meist werden sie auch wegen der konstanten Antriebskraft als Gewichtsuhren betrieben, vorwiegend als reine Zeitgeber ohne Schlagwerk.

Abb. 92:
Jugendstilwanduhr, „Freischwinger", Deutschland um 1900
Graham-Ankergang, Schlag auf Tonfeder

Die Bezeichnung „Freischwinger" deutet auf das außerhalb des Uhrkastens schwingende Pendel hin. Auch in diesem Beispiel täuscht das abgebildete Gitterrostpendel eine Kompensationswirkung nur vor. In die Pendellinse ist Chronos als Hüter der Zeit mit Hirtenstab und Sanduhr eingeprägt.

Abb. 89

Abb. 90

Abb. 91

Abb. 92

Abb. 93

Abb. 94

Abb. 95

Abb. 96

Abb. 93:
Stockuhr von *Jacob Sollinger*, Wien um 1760
Spindelgang über Kette und Schnecke mit Datum
und Wochentaganzeige, „Petite Sonnerie" und
Stundenrepetition

Das Zifferblatt ist unterhalb der „12" für ein Scheinpendel unterbrochen und darunter noch einmal für die Datumsanzeige. Über die zwei kleinen Zifferblätter können der Schlag und auch die Repetition abgestellt werden. Das mittlere, größere Hilfszifferblatt zeigt den Wochentag in deutscher Sprache. Die drei Aufzüge sind (von l. nach r.) dem Viertelstundenschlagwerk, dem Gehwerk und dem Stundenschlagwerk zugeordnet.
Die Repetition wird durch einen Schnurzug ausgelöst.

Abb. 94:
Stockuhr mit Spindelgang, vermutlich Wien um 1790
Antrieb über Kette und Schnecke,
„Grande Sonnerie" und Viertelstundenrepetition

Der Stundenschlag geht auf zwei Tonfedern, der Viertelstundenschlag auf nur eine Tonfeder.
Die durch Schnurzug auszulösende Repetition wiederholt die Viertelstunde und die vergangene volle Stunde entsprechend der „Grande Sonnerie".

Abb. 95:
Empire-Stockuhr, 8-Tage-Spindelgang, Pendel mit Fadenaufhängung, Regulierung von der Zifferblattseite aus, Rechenschlagwerk auf Glocke, um 1800

Abb. 96:
Wiener Empire Rahmenuhr
Hakenankergang, Pendel mit Fadenaufhängung,
Rechenschlagwerk auf Tonfeder mit Repetition

Eine Besonderheit dieses Uhrwerkes sind die feststehenden Federhäuser mit drehenden Zahnkränzen für Schlagwerk und Gehwerk. Unterhalb des Zifferblattes ist eine von einem fliegenden Adler gekrönte Sichtöffnung für das typische Sonnenpendel.

Abb. 97:
Bronze Pendule, Frankreich um 1810
8-Tage-Ankerwerk,
Pendel mit Fadenaufhängung,
Regulierung mittels Rändelschraube
von der Werkrückseite aus,
Schlossscheibenschlagwerk auf Glocke

Pendulen dieser Art mit figürlichen Bronzen sind standardmäßig mit den sehr robusten Vollplatinenwerken mit Schlossscheibenschlagwerk ausgestattet.

Von oft hoher künstlerischer und vor allem handwerklicher Qualität sind die in Bronze gegossenen, fein bearbeiteten und feuervergoldeten Figuren und Appliken.

Abb. 98:
Figurenpendule, Frankreich um 1890
8-Tage-Ankerwerk, Pendelaufhängung
mit Regulierung nach *Brocot*

Ab der zweiten Hälfte des 19. Jh. werden Figurenpendulen massenweise und in einfacherer Qualität in Zinkguss hergestellt. Zink lässt sich u.a. auch wegen seines niedrigeren Schmelzpunktes sehr leicht in Formen gießen und liegt im Metallwert erheblich unter der hoch kupferhaltigen Bronze. Beliebt ist auch die Kombination mit Marmorsockeln, wie in vorliegendem Beispiel zu sehen.

Abb. 97

Abb. 98

Abb. 99

Abb. 100

Abb. 101

Abb. 102

Abb. 99:
Rückseite einer großen „ januskköpfigen " Pendule von *Lèpin* / Paris um 1820

Diese außergewöhnliche Uhr besitzt zwei Zifferblätter und synchron laufende Zeiger. Vorderansicht und Hinteransicht sind, die Aufzugöffnung ausgenommen, identisch. Für eine Klosterkapelle gefertigt, sollte die Uhr von zwei Seiten einsehbar sein. Da ein Schlagwerk nicht gewünscht war, fand ein großes Federhaus für eine lange Laufzeit von gut vier Wochen Platz.

Abb. 100:
Pendule / Portaluhr, Frankreich um 1880
Ankergang, Schlossscheibenschlagwerk auf Glocke

Portaluhren sind Pendulen, deren Werke von Säulen getragen werden und frei schwingende Pendel haben. Das hier abgebildete prächtige Gitterrostpendel (Stahl-Messing) ist als Kompensationspendel ausgeführt.

Abb. 101:
Cottage-Uhr / „Amerikaneruhr" Mitte 19. Jh.

Uhren diesen Typs mit einfachen Messingwerken, gestanzten Platinen und Rädern, frei liegenden Federn und einem einfachen Weckerwerk machten in der Mitte des 19. Jh. den heimischen Schwarzwalduhren beträchtliche Konkurrenz und wurden als „Amerikaneruhr" abgetan. Diese Abwertung war allerdings hinsichtlich des Gebrauchswertes dieser Uhren in keiner Weise berechtigt. In größerer Ausführung fand sie auch als Wanduhr in feinem Mahagonigehäuse Verbreitung in ganz Europa.

Abb. 102:
„Kristallregulator" mit Quecksilberkompensationspendel
Frankreich, 2. Hälfte 19. Jh.

Diese, den französischen Reiseuhren verwandten Pendulen, tragen in der Ausstattung mit Quecksilberkompensationspendeln mit einigem Recht die Bezeichnung „Regulator".
Als weiteres Qualitätsmerkmal haben sie ein Rechenschlagwerk und zwar ausschließlich auf eine Tonfeder schlagend.

Abb. 103:
Große Reiseuhr mit Wecker und Stundenrepetition,
Frankreich um 1890

Das Werk hat eine Ankerhemmung sowie Stundenschlag auf eine am Werk befestigte Tonfeder, die auch vom Weckerklöppel angeschlagen wird. Die aus Messing bestehenden Gehäuseteile waren meist vergoldet. Durch häufiges Polieren vor allem mit schleifmittelhaltigen Poliermitteln sind bei den meisten Uhren leider nur noch Reste der alten Vergoldung zu sehen.

Abb. 104/105:
Reiseuhr / Alkovenuhr, Frankreich um 1800
Spindelgang mit Schnecke und Kette, Werk von *Francois Porte* / Rouen

Diese achteckige und 15 cm große Uhr enthält ein Taschenuhrwerk aus der Zeit um 1750. Im Gegensatz zu den „Kutschenuhren", die ja wie übergroße Taschenuhren mit entsprechend großem Uhrwerk gebaut sind, wurden im frühen 19. Jh. kleine Uhren für die Bettnische, also den Alkoven, und zur Mitnahme auf Reisen unter Verwendung vorhandener Taschenuhrwerke (Abb.105) hergestellt. Die besseren Exemplare haben ein Schlagwerk mit Repetition.

Abb. 106:
Reiseuhr in ovaler Taschenuhrform
Gebr. *Rodeck*, Österreich / Wien um 1820

Auch diese 12,5 cm große Uhr ist wie die vorherige mit einem schönen Taschenuhrwerk (Spindelhemmung mit Schnecke und Kette) bestückt und außerdem noch mit einer Viertelstunden-Repetiervorrichtung ausgestattet.

Abb. 107:
Reiseuhr in Form einer großen Taschenuhr, Spindelgang mit Schnecke und Kette
Schweiz / Neuenburg um 1820

Im Gegensatz zu den beiden vorherigen Exemplaren füllt bei dieser Uhr, die immerhin eine Gesamtlänge von 10,5 cm hat, ein entsprechend großes Spindeluhrwerk das Gehäuse voll aus.

Abb. 103

Abb. 104

Abb. 105

Abb. 106

Abb. 107

Betrieb und Instandhaltung

Dass sich hinter der stilvollen Fassade unserer Uhren meist ein doch recht sensibles Innenleben verbirgt, ist uns zwar bekannt, aber oft wird uns diese Tatsache erst dann bewusst, wenn unsere sonst doch immer so zuverlässig tickende Zeitarbeiterin plötzlich und unerwartet ihren gewohnten Dienst versagt und zu jener Art von „Standuhr" mutiert, deren Besonderheit sich mit zeitweisem oder am Ende gar permanentem Stehenbleiben beschreiben lässt. So werden wir uns in diesem Kapitel damit befassen, was wir alles tun können, eventuell aber auch unterlassen sollten, um unserer Uhr eine gute Zukunft zu sichern, die dann, vielleicht noch über weitere Generationen hinausreichend, auch ein kleines Stück Geschichte von uns selbst weitergibt.

Unsere Überlegungen beginnen mit Aspekten zum geeigneten Standort für die verschiedenen Uhrentypen, behandeln dann Fragen im Zusammenhang mit dem Aufzug der Uhren, dem Stellen der Zeiger, der Synchronstellung von Schlag und Gehwerk, der mitunter fällig werdenden Ölung, der äußeren Instandhaltung von Gehäuse, Zifferblatt und Zeiger, und schließen mit Empfehlungen zu Verpackung und Transport, damit uns unsere Uhr auch nach einem eventuellen Umzug – natürlich wiederum an geeignetem Standort positioniert – weiterhin gute Stunden anzeigt.

Der Regulierung des Ganges wollen wir der Bedeutung des Themas und dem Umfang entsprechend ein eigenes Kapitel widmen.

Der richtige Platz

Allein schon die Standortfrage kann, unter den Aspekt des Wohlbefindens sowohl der Uhr als auch ihrer Besitzer gestellt, in erheblichen Konflikt mit der Frage geraten, an welchem Platz unser gutes Stück optisch am besten in Erscheinung tritt oder wo es am besten aufgehoben ist.

Bodenstanduhren

Bei Bodenstanduhren ist mit Vorrang die Standsicherheit des vorgesehenen Stellplatzes zu überprüfen. Machen wir uns das Problem am Beispiel der auf Seite 77 abgebildeten Bodenstanduhr deutlich: Die schlanke Uhr ist mit 2,5 m sehr hoch und steht dabei auf einer Standfläche von nur 30 x 40 cm. Wenn die drei Gewichte von insgesamt stolzen 30 kg aufgezogen sind, befinden sie sich auf zwei Meter Höhe direkt unter dem ebenfalls schwergewichtigen Uhrwerk. Man muss kein Statiker sein, um hier das Risiko abschätzen zu können, das dann bei einem schwingenden Fußoden besteht. Bohrungen, die wir gelegentlich in der Rückwand alter Bodenstanduhren finden, zeugen von dem geschilderten Problem und der immer noch gültigen Empfehlung, solche Uhren durch eine Wandbefestigung zu sichern.

Von dem eben besprochenen Sicherheitsaspekt abgesehen, können sich vom Boden in die Uhr übertragene Schwingungen unangenehm auf den Gang der Uhr auswirken, erst recht dann, wenn das Uhrwerk altersmüde sein Pendel gerade noch ausreichend ausschwingen lässt.

Auf jeden Fall muss der Untergrund waagerecht sein, weil der Eingriff des Ankers ja auf das naturgemäß senkrecht hängende Pendel eingestellt ist. Nur so geht die Uhr im Takt. Schon bei geringer Schieflage würde sie „hinken“ oder gar stehen bleiben.

Manche Bodenstanduhr ist derart schlank gebaut, dass die Pendellinse Gefahr läuft, seitlich im Gehäuse anzuschlagen oder auch die Rückwand zu streifen, wenn sie nicht absolut senkrecht steht. Hin und wieder findet man auch in alten Bodenstanduhren an den seitlichen Innenwänden Aussparungen, um dem Pendel den nötigen Platz zum Ausschwingen zu geben. Nach dem Reinigen eines extrem reinigungsbedürftigen Werkes der Bodenstanduhr eines Bekannten reklamierte dieser das sich neuerdings eingestellte Geräusch des im Uhrenkasten anschlagenden Pendels. Die Erklärung war so einfach wie die Abhilfe: Das frisch geölte Uhrwerk der bis dato kaum auffallend leicht schräg stehenden Uhr verlieh dem Pendel nun wieder den ihm von seinem Erbauer einst zugedachten Impuls, mit dem akustischen Hinweis auf die vom Erbauer nicht vorgesehene leichte Schieflage. Mit einer wenige Millimeter starken Unterlage an der Seite, die uns das Pendel freundlicherweise per Klopfzeichen benannte, war das Problem rasch behoben.

Pendulen und sonstige Standuhren

Kleinere Standuhren, wie z.B. Pendulen, benötigen natürlich auch stabile und erschütterungsfreie Standflächen, aber genau so wichtig ist es, dass ihr Platz dauerhaft ist. Pendulen mögen es nicht herumgetragen zu werden, weil das schnell zur Beschädigung der recht empfindlichen Pendelfeder oder auch zum Verstellen des Ankers auf der Ankerwelle, ja sogar zur Beschädigung der Zapfen der Ankerwelle führen kann.

Wanduhren

Wenn wir uns schon bei der Bodenstanduhr mit der Frage der Standfestigkeit beschäftigt haben, dann darf natürlich bei der Wanduhr der Hinweis auf eine sichere Befestigung nicht fehlen. Das betrifft die Tragfähigkeit der Wand, die Sicherheit des Befestigungselementes und natürlich auch die Aufhängevorrichtung an der Uhr. Gerade Letztere beim Neuerwerb einer alten Uhr zu überprüfen kann ich aus eigener leidvoller Erfahrung nur sehr empfehlen.

Gewichtsuhren sollten mindestens so hoch aufgehängt werden, dass sie die vorgesehene Gangdauer auch erreichen können. „Freischwinger", also Uhren mit außerhalb des Uhrgehäuses schwingendem Pendel, bevorzugen es, vor Zugluft geschützt, in einer möglichst „verkehrsberuhigten" Zone untergebracht zu sein.

Schließlich sollten wir auch beachten, dass manche Wände, vor allem die den Körperschall gut leitenden Betonwände, nicht nur den Schlag, sondern eventuell auch noch das Ticken in den Nebenraum übertragen. Ist dieser dann das Schlafzimmer, kann auch der schönste Glockenklang zur Plage werden.

Meistens sind Wanduhren an nur einem Aufhängepunkt befestigt. Das kann eine Uhr beim Hochziehen der Gewichte oder ggf. auch beim Öffnen der Tür schon einmal in Schieflage bringen, was weder der Wand noch der Uhr gut tut. Für kastenförmige Wanduhren, wie z.B. Regulatoren, gibt es im Handel Abstandhalter, deren spitz zulaufende Schrauben in die Wand eingreifend die vertikale Position der Uhr sichern. Außerdem kann man mit Hilfe dieser verstellbaren Schrauben die korrekte Neigung der Uhr einstellen.

Wir hatten schon an früherer Stelle (Seite 72) angemerkt, dass sich unter der Last der Aufzuggewichte die hölzernen Werke alter Schwarzwalduhren so sehr verziehen können, dass schließlich das Räderwerk klemmt und nicht mehr weiterlaufen kann. Das kann man bei den frei aufgehängten Lackschilduhren verhindern, indem man die Uhrwerke auf eine Wandkonsole stellt. Das Problem tritt auch bei den Comtoiser Uhren wegen deren extrem schwerer Gewichte auf, weshalb Comtoiser Uhrenkästen grundsätzlich von einer stählernen Konsole getragen werden. Für die leichten Schwarzwalduhren reicht eine hölzerne Konsole, die sich aus wenigen Sperrholzbrettchen sehr einfach selbst zusammenbasteln lässt. Wenn man die Konsolen dann noch farblich angleicht, treten sie optisch kaum in Erscheinung.

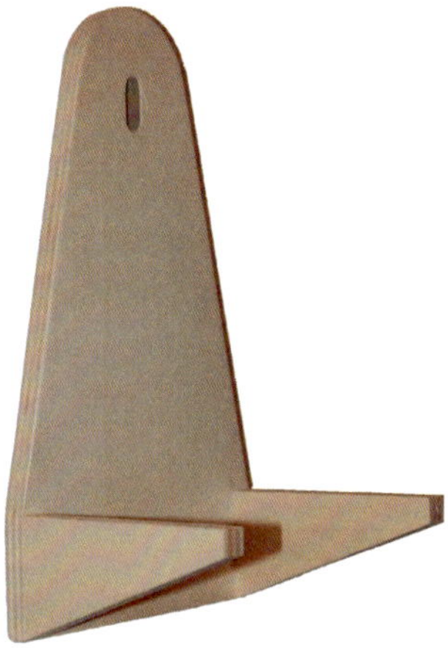

Abb. 108: Wandkonsole

Abb. 109: Uhrwerk auf Wandkonsole

Raumklima

Die Frage des geeigneten Raumklimas ist für alle Uhren gleichermaßen von Bedeutung. Die ja zum Teil kunstvollen Holzgehäuse leiden sowohl in zu trockener als auch in zu feuchter Luft, erst recht aber bei einer ständig wechselnden Luftfeuchtigkeit, denn Holz verliert niemals die Eigenschaft, seine eigene Feuchtigkeit der der umgebenden Luft anzupassen. Das mit dem Wechsel von Feuchtigkeit verbundene Quellen bzw. Schwinden führt zu Verzug und Verwerfung oder schlimmsten Falls sogar zur Rissbildung.

Unter Feuchtigkeitseinwirkung können sich die mit Knochenleim hergestellten Verbindungen lösen. Das gilt besonders für Furniere und vor allem für solche, die an Rundungen und Hohlkehlen unter Verformungsspannung stehen.

Feuchte Umgebungsluft erhöht erst recht die Korrosion an den Eisenteilen, wie Achsen, Wellen und Federn, wenn sich Kondensfeuchtigkeit am Uhrwerk niederschlägt. Voraussetzung für die Entstehung von Kondensfeuchtigkeit ist, dass das Uhrwerk kälter als die Umgebungsluft ist. Diese Bedingungen können an Außenwänden durchaus gegeben sein, was bei der Standortfrage einer jedweden Uhr nicht außer Acht bleiben sollte.

Nicht sehr geeignet sind Standplätze in der Nähe von Heizungen, da die warme Heizungsluft die Oxidation des Öles erheblich verstärkt. Dadurch verdickt das Öl im Laufe der Zeit und bildet in Verbindung mit dem in der aufsteigenden Luft transportierten Staub an den empfindlichen Lagern des Uhrwerkes eine Mischung aus Staubpartikeln, Metallabrieb und verharztem Schmierstoff, die wie eine Schleifpaste wirkend zum beschleunigten Verschleiß der Lager und Zapfen beiträgt.

Besonderen Schutz vor Staub benötigen solche Pendulen, deren Uhrwerke frei und ungeschützt der Umgebungsluft ausgesetzt sind. Solche Uhren standen in der Regel auch unter einem Glassturz auf einem eigens für die Uhr angefertigten hölzernen Tableau. Nur wenige dieser kuppelförmigen Glasdome haben leider – und damit sehr zum Nachteil ihrer Schützlinge – die Zeit überstanden; und die Chance, im Antiquitätenhandel fündig zu werden, ist äußerst gering. Mit ein wenig bastlerischem Talent lässt sich aus Acrylglasplatten aus dem Baumarkt ein schöner eckiger Staubschutz herstellen, oder man lässt sich einen solchen aus Echtglas vom Glaser anfertigen.

Vom richtigen Aufziehen

Vielleicht mag es Ihnen im Augenblick verwunderlich erscheinen, sich über eine so lapidare Angelegenheit wie das Aufziehen einer Uhr ernsthaft Gedanken zu machen? Sie werden sehen, es lohnt sich!

Der richtige Schlüssel

Nicht richtig passende Schlüssel haben schon manches schöne Zifferblatt, das eigentliche Gesicht einer Uhr, ramponiert und damit auch den Wert der Uhr drastisch gemindert. Die Reparatur des Emaillezifferblattes, über das ein vom Aufzugsvierkant abgerutschter Schlüssel hinweggeratscht ist, übersteigt nicht selten den Wert der Uhr. Davon abgesehen muss man erst einmal jemanden finden, der sich auf diese Arbeit versteht.

Ein guter Schlüssel lässt sich weit auf den Vierkant aufschieben und sitzt auf diesem ohne nennenswert zu wackeln. Ständiges Aufziehen mit zu großem Schlüssel beschädigt den Vierkant, dessen Kanten sich schließlich so stark abrunden, dass am Ende gar kein Schlüssel mehr greift.

Empfehlenswert sind Schlüssel aus Messing. Sich selbst verschleißend, schonen sie den Aufzugsvierkant. Sie sind für ein paar Euro im Fachhandel zu erhalten und im Gegensatz zur Neuanfertigung einer Aufzugswelle die preiswertere Alternative. Auf Antikmärkten findet man schon einmal alte gusseiserne Uhrenschlüssel, die meist noch in sehr brauchbarem Zustand sind. Sie bestehen aus einem stahlähnlichen und ausreichend zähen Temperguss und passen sich mit ihrem konischen Innenvierkant sehr gut dem Vierkant älterer Aufzugswellen an. Sie eignen sich auch für den Aufzug stärkerer Federn.

An Seilzügen hängende Gewichte werden einerseits der erforderlichen Kraft wegen und andererseits wegen der höheren Windungszahl vorzugsweise mit einer Kurbel aufgezogen. Kurbelschlüssel müssen aber ganz besonders gut passen, da sie die Kraft im Gegensatz zum zweiflügligen Schlüssel einseitig auf den Vierkant übertragen. Sitzt eine solche Kurbel nicht sicher auf dem Aufzugsvierkant, kann sie sich sehr leicht mit den eben erwähnten Folgen für das Zifferblatt verselbständigen.

Mit einem gut passenden Schlüssel wäre die Aufzugöffnung an dem schönen Zifferblatt in Abb. 110 sicher besser erhalten geblieben.

Abb. 110: Beschädigung an der Aufzugöffnung durch Benutzung einer Aufzugkurbel mit übergroßem Vierkant

Kettenzug und Ketten

Kettenzugwerke benötigen keinen Schlüssel, weil die Gewichte im Gegensatz zu Seilzügen am freien Ende der Kette per Hand aufgezogen werden. Dabei sollten wir bedenken, dass während des Hochziehens die Welle des Kettenrades mit der doppelten Kraft des Aufzuggewichtes belastet wird. Deshalb ist sehr zu empfehlen, das Aufzuggewicht während des Ziehens mit der freien Hand anzuheben. Das mindert nicht nur den Verschleiß der Welle und der Lager des Kettenrades, sondern verhindert auch, dass sich die Kette streckt. Ein vielbeobachtetes Leiden bei alten Kettenzuguhren besteht nämlich darin, dass sich durch die Zugbelastung insbesondere beim Aufziehen die Kettenglieder allmählich öffnen. Dann stimmt der Abstand der einzelnen Kettenglieder, die „Teilung" der Kette, nicht mehr mit dem Abstand der Zähne des Kettenrades überein.

Im fortgeschrittenen Stadium macht sich das durch ein deutliches Knacken immer dann bemerkbar, wenn sich die nicht mehr richtig greifende Kette unter der Zugbelastung des Uhrgewichtes gelegentlich ruckartig den richtigen Platz zwischen den Zähnen des Kettenrades erkämpft. Wir können uns gut vorstellen, dass das auf die Dauer dem Kettenrad schadet. Wenn dann die Geometrie des Zahnrades nicht mehr stimmt, kann es im Extremfall sogar schwer fallen, eine genau passende Kette zu finden, weil Uhrketten nach der Teilung neuer, nicht verschlissener Kettenräder genormt sind. So gesehen lohnt es sich auf jeden Fall, eine gedehnte Kette frühzeitig durch eine neue Kette zu ersetzen.

Ersatzketten finden wir im Fachhandel in verschiedenen Stärken und Teilungen. Da immer das übernächste Glied in einen Zahn des Kettenrades greift, ist die Teilung gleich dem Mittenabstand eines Kettengliedes zum Mittenabstand des übernächsten und wird mit 1/10 mm Genauigkeit angegeben.

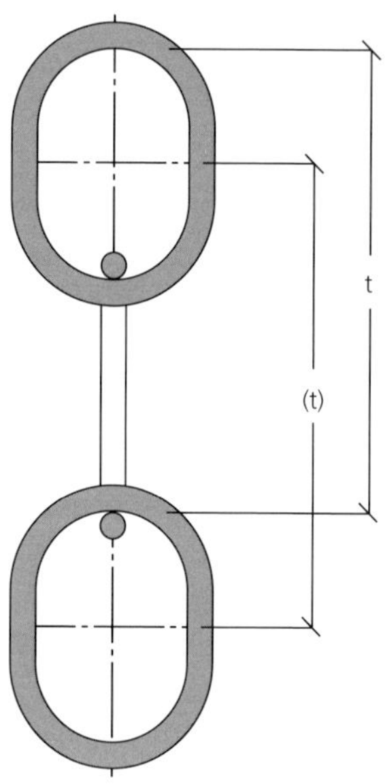

Abb. 111: Teilung an einer Aufzugkette

Wenn die Teilung an der alten Kette gemessen wird, sucht man sich eine Strecke aus, in der die Kettenglieder noch keine Öffnung zeigen, oder man schließt die entsprechenden Glieder vorsichtig mit der Zange. Eine neue Kette kann dann ganz einfach mit der alten Kette in das Werk eingezogen werden.

Seilzug und Seile

Bei alten Aufzugseilen sollte man auf keinen Fall ein Risiko eingehen und sie im Zweifelsfall unbedingt austauschen. Vor einigen Jahren bekam ich selbst einmal die Auswirkungen der Nichtbeachtung dieser Empfehlung zu spüren. Eines der 10 kg schweren Bleigewichte stürzte nach einem Seilriss aus etwa 2 m Höhe durch den Uhrkasten hindurch, zertrümmerte dabei den Sockel derart, dass die Uhr – Chronos sei Dank – dann rückwärts gegen die Wand kippte, um in dieser Position meine Heimkehr aus dem Urlaub zu erwarten.

Die Folgen waren zwar bedauerlich aber reparabel, und angesichts der Alternative, nach der die Uhr ja auch vornüber ins Zimmer hätte fallen können, habe ich mich rasch von dem Schrecken erholt und umgehend alle alten Hanfseile durch neue Nylonseile ersetzt. Nach der Empfehlung der Uhrmacher sollten Hanfseile nach fünf Jahren und Nylonseile nach zehn Jahren gewechselt werden.

Nun muss man noch unterscheiden, ob das Seil mit einer Kurbel auf eine Walze aufgewickelt wird oder wie bei ganz frühen Gewichtsuhren über ein Klemmrad (vgl. Seite 58 Abb. 55) läuft, welches dann das Uhrwerk wie das Kettenrad beim Kettenzug antreibt. Bei dem letztgenannten System ist der Abrieb am Seil natürlich sehr groß, weil hier die Kraftübertragung durch Reibschluss zwischen dem Klemmrad und dem Seil erfolgt.

Hanfseile sind eher für „schwergewichtige" Uhren wie Bodenstanduhren oder Comtoiser Uhren gedacht, während die Zuggewichte kleinerer Uhren, z.B. die der Gewichtregulatoren an einer losen Rolle hängend über Darm- oder Drahtseile aufgewunden werden.

Sollten Sie sich für Nylonseile entscheiden, finden Sie beste Qualität im Bootszubehör, und die klassischen Hanf-, Darm- und Drahtseile speziell für den Gewichtsaufzug bietet der Fachhandel an.

Zugfedern

Welch zerstörerische Kräfte eine Aufzugfeder freisetzen kann, hatte mir Chronos ja schon äußerst drastisch demonstriert. Im Gegensatz zu Ketten und Seilen, deren Zustand sich von außen gut kontrollieren lässt, verbergen Aufzugfedern ihre Schwachstellen, die beiden Enden, mit denen sie zum Einhaken an den Federkern und das Federhaus gelocht sind, sehr diskret im Federhaus. Seltener reißt eine Zugfeder in der Mitte, eher schon am Federkern, aber bevorzugt reißt sie am Federhaushaken, also am äußeren Ende. Hier wird die Belastung mit dem Ende des Aufziehens kritisch, vor allem dann, wenn das Aufziehen ruckartig geschieht. In der

Regel sind die Federlängen so bemessen, dass sie das Uhrwerk noch über die angegebene Laufdauer hinaus in Gang halten. Wenn also ein Achttagewerk nicht immer erst dann aufgezogen wird, wenn es vollständig abgelaufen ist, statt dessen aber regelmäßig wöchentlich zur gleichen Zeit, liegt immer noch ein Stück der Feder an der Federhauswand an, und das vermeidet die eben beschriebene extreme Belastung, was uns die Feder mit einer hohen Lebensdauer danken wird.

Während Aufzugfedern für Großuhren heute auch aus legierten Stählen hergestellt werden, war der Federwerkstoff in früher Zeit stets ein unlegierter Kohlenstoffstahl, der seine Härte und Elastizität in einer besonderen Wärmebehandlung erhielt. Solche Stähle neigen jedoch in der Kälte dazu, spröde und deshalb bruchanfällig zu werden. Die Abb. 112 liefert dazu ein Paradebeispiel:

Die abgebildete Feder stammt aus einer im Winter auf einem Flohmarkt erstandenen Pendule. Der Händler zog sie zur Demonstration ihrer Funktionsfähigkeit auf, was die Feder, wie das Foto deutlich zu erkennen gibt, nicht heil überstanden hat.
Unter normalen Bedingungen wäre die Feder vermutlich nur an einer Stelle gebrochen. Doch infolge der durch Kälteeinwirkung eingetretenen Versprödung konnte sich der Bruch der ersten Windung durch alle weiteren fortsetzen.

Abb. 112: Mehrfacher Federbruch infolge kältebedingter Materialversprödung

Die Empfehlung, Federzuguhren mit der gebotenen Sensibilität aufzuziehen, gilt uneingeschränkt und erst recht für das Aufziehen in sehr kalter Umgebung.

Das Stellen der Zeiger

Verstellen mit dem Minutenzeiger

Grundsätzlich korrigiert man die Zeigerstellung mit dem Minutenzeiger, weil der, auf dem Vierkant des Minutenrohres sitzend, den Stundenzeiger über das Wechselgetriebe des Zeigerwerks (im Verhältnis 12:1) mitführt. Umgekehrt wird bei einer Verstellung des Stundenzeigers der Minutenzeiger nicht transportiert, denn der Stundenzeiger rutscht lediglich dank seiner runden Zeigerbuchse auf dem Stundenrohr.

Während wir einen reinen Zeitgeber, also eine Uhr ohne Schlagwerk, ohne Bedenken sowohl vor- als auch zurückstellen dürfen, sollten wir uns bei Schlagwerksuhren an die strikte Anweisung halten, den Minutenzeiger nie rückwärts über „12" bzw. über „6" zu stellen, weil das die Auslösestifte am Minutenrohr und den Auslösehebel verbiegen könnte. Bei Uhren mit einem Viertelstundenschlag gilt das Ebengesagte natürlich zusätzlich noch für das Zurückstellen über „3" und „9".

Manche Uhren sind allerdings gegen Beschädigungen durch Rückwärtsstellung des Minutenzeigers gesichert:

Abb. 113

Abb. 114

Der Auslösestift würde bei einer Rückwärtsbewegung den mit einem Gelenk versehenen Arm des Auslösehebels niederdrücken (Abb. 113). Eine Feder oder ein kleines Gewicht führt dann später den Auslösehebel wieder in seine Grundposition zurück (Abb. 114). Ob eine Uhr allerdings über die eben beschriebene Sicherung verfügt, ist meist erst durch einen Blick unter das Zifferblatt erkennbar. Davon abgesehen muss das Gelenk sehr leichtgängig sein; denn wenn der Auslösehebel nicht gleich wieder in seine Grundposition zurückfällt, kann das Schlagwerk natürlich nicht mehr ausgelöst werden.

Ein weiterer Grund, den Minutenzeiger nicht rückwärts zu stellen, ist der, dass bei Schlossscheibenschlagwerken in der Phase zwischen „Melden" und Schlagen (vgl. Seite 46 f.), also im Bereich einiger Minuten vor „6" oder „12" ein zusätzlicher Schlag ausgelöst wird, wonach dann Schlag und Uhrzeit nicht mehr übereinstimmen würden.

Verstellen mit dem Stundenzeiger

Die Tatsache, dass der Stundenzeiger auf einer runden Welle sitzt, bringt den Vorteil mit sich, dass wir ihn ohne Wirkung auf das Räderwerk sowohl vor- als auch zurückstellen können. Das setzt allerdings voraus, dass der Zeiger mit einer soliden Zeigerbuchse auf der Zeigerwelle gleiten kann. Einfache Zeiger ohne Buchse lösen sich sehr leicht.

Hat der Stundenzeiger aber eine Buchse, mit der er sich problemlos um die Zeigerwelle drehen lässt, sollte man diesen Vorteil nutzen, um auf sehr einfache und vor allem das Zeigerwerk schonende Weise eine Abweichung von Schlag und Zeigerstellung zu korrigieren.

Bedenken wir doch, dass das den Minutenzeiger tragende Minutenrohr ja lediglich durch Reibschluss auf der konischen Minutenwelle aufsitzt, damit die Uhr unabhängig vom laufenden Uhrwerk gestellt werden kann. Mit der Zeit aber leidet dieser Reibschluss, und das Minutenrohr wird locker. Das kann dann schließlich so weit führen, dass das Zeigerwerk nur noch mit gelegentlichen Unterbrechungen oder am Ende überhaupt nicht mehr angetrieben wird. Dann bleiben die Zeiger stehen, obwohl das Uhrwerk läuft!

Stellen wir an einer Uhr fest, dass sich der Minutenzeiger allzu leicht verstellen lässt, ist das ein eindeutiges Zeichen dafür, dass der eben beschriebene Zustand bald erreicht sein wird, und bis dahin wird uns die Uhr vermutlich noch mit etlichen „Falschaussagen" gehörig nerven. Wir werden später (S. 197) noch erfahren, was wir dann tun können. An dieser Stelle wollten wir uns lediglich den Vorteil bewusst machen, dass der Stundenzeiger mit seiner runden Buchse beliebig ohne Wirkung auf das Zeigerwerk verstellt werden kann, was wir dann beim Verstellen im Stundenbereich auch nutzen sollten.

Die Synchronstellung von Schlag und Uhrzeit

Setzt der Schlag in richtiger Folge, aber regelmäßig etwas zu früh oder zu spät ein, kann das verschiedene Ursachen haben, die vielleicht sogar einen Eingriff in das Zeigerwerk erfordern, weshalb wir uns diesem Problem unter „Betriebsstörungen und Abhilfe" widmen wollen.

Kaum ein anderer „Störfall" führt bei Uhrenbesitzern, die ihre Uhr nicht kennen, zu größerer Ratlosigkeit als der, dass die Uhr eine ganz andere Zeit schlägt, als sie auf dem Zifferblatt anzeigt. In den seltensten Fällen liegt hier ein Defekt vor. Meist kann man davon ausgehen, dass sich durch einen Bedienungsfehler lediglich die Schlagfolge gegenüber der Zeigeranzeige verschoben hat, was sich, wie wir sehen werden, rasch in Ordnung bringen lässt.

Einen Fehler oder eine Störung im Uhrwerk können wir dann sicher ausschließen, wenn der Schlag lediglich um eine halbe Stunde oder mehrere Stunden zeitversetzt, aber in der richtigen Abfolge schlägt.

Synchronstellung bei Rechenschlagwerken

Weil Rechenschlagwerke mit der Zeigerstellung mechanisch verbunden sind (vgl. Seite 50 f.), kann eigentlich nur eine Unachtsamkeit dazu geführt haben, dass der auf dem Stundenrohr beweglich sitzende Stundenzeiger sich nicht mehr in der ursprünglichen, mit dem Schlagwerk übereinstimmenden Position befindet. Das Schlagwerk wird dann aber trotzdem den Stundenschlag ausführen, wenn der Minutenzeiger auf „12" steht.

Angenommen, eine Uhr macht zur vollen Stunde drei Schläge zu viel. Sie stehen um 5:12 Uhr vor der Uhr und wollen jetzt dieses Missverhältnis aus der Welt räumen. Gehen Sie wie folgt vor: Stellen Sie den Minutenzeiger im Uhrzeigersinn bis auf „12" vor, warten Sie die jetzt ausgelösten neun Gongschläge ab und stellen danach den Stundenzeiger auf „9 Uhr".

Nun stellen Sie entweder die Uhr mit dem Minutenzeiger vorsichtig im Uhrzeigersinn drehend auf die aktuelle Zeit ein oder Sie halten die Uhr so lange an bis die Zeigerstellung der realen Zeit entspricht.

Entschließen Sie sich, die Uhr sofort auf die aktuelle Zeit einzustellen, empfiehlt es sich, sofern möglich, für die Dauer der Prozedur das Schlagwerk abzuschalten bzw. bei einer Gewichtsuhr das entsprechende Gewicht abzuhängen.

Synchronstellung bei Schlossscheibenschlagwerken

Bei Uhren mit Schlossscheibenschlagwerken, bei denen das Schlagwerk ja nicht mit dem Zeigerwerk gekoppelt ist (vgl. Seite 46 ff.), kommt es gelegentlich zu Unstimmigkeiten zwischen Schlag und Zeigerstellung, wenn das Gehwerk bei abgelaufenem Schlagwerk weiterläuft, oder wenn eine Uhr nach längerem Stillstand wieder in Betrieb genommen und auf die aktuelle Zeit gestellt wird.

Die Synchronstellung von Schlossscheibenschlagwerken lässt sich am einfachsten erreichen, wenn man in das Werk eingreifen und den Schlag durch Anheben des Einfallhebels auslösen kann (Seite 49, Abb. 45). Dann löst man eben den Schlag so oft aus, bis er mit der Zeigerstellung übereinstimmt. Manchmal findet man sogar an der Welle des Einfallhebels eine kleine Öse, die zum Anbringen eines Schnurzuges, der aus dem Uhrgehäuse herausgeführt werden kann, gedacht ist.

Es geht aber auch anders:
Angenommen, die Uhr schlägt zur vollen Stunde den Halbstundenschlag bzw. umgekehrt, können wir das Schlagwerk wie folgt überlisten: Durch Vorrücken des Minutenzeigers auf „6“ lösen wir eine mehrere Schläge dauernde Schlagfolge aus und stellen dabei noch während des Schlagens den Minutenzeiger auf kurz nach „12“ vor. Danach schlägt die Uhr die halben Stunden wieder korrekt.

Stimmt der Stundenschlag jetzt nicht mit der angezeigten Zeit überein, rücken wir den Stundenzeiger auf die geschlagene Stunde vor oder zurück. Erscheint das zu riskant (vgl. Seite 100), gibt es eine gute Alternative: Der Minutenzeiger wird bis kurz vor die „12“ geführt, zurück auf „8“ und wieder vor auf kurz vor „12“, wodurch das Schlagwerk ausgelöst wird. Diesen Vorgang wiederholen wir, bis die Übereinstimmung erreicht ist.

Ein Pendeluhrwerk könnten wir jetzt anhalten, um es dann zur rechten Uhrzeit wieder anzustoßen. Wir können die Uhr aber auch durch Drehen des Minutenzeigers im Uhrzeigersinn, notfalls auch über mehrere Runden hinweg, auf die aktuelle Zeit einstellen. Abgesehen davon, dass wir dem Zeigerwerk damit keinen besonderen Gefallen tun (vgl. Seite 100), müssen wir allerdings geduldig jede halbe und jede ganze Stunde voll ausschlagen lassen. Führen wir den Minutenzeiger zu hastig über die „6“ oder die „12“ hinweg, löst der Schlag nicht aus, und dann ist das System natürlich wieder durcheinander.

Wenn das Schlagen der Uhr stört

Es verwundert mich immer wieder erleben zu müssen, dass stolze Besitzer ihre schöne Uhr wegen des störenden Schlages niemals laufen lassen, ja oft nicht einmal wissen, dass sie ihre Uhr auch ohne Schlagwerk als zwar stumme, aber doch wenigstens lebendige Zeitgeber betreiben können. Als weniger radikale Alternative würde sich auch die Reduzierung des Klangpegels anbieten; sie sollte zumindest getestet werden.

Stillsetzen des Schlagwerkes

Bei Gewichtsuhren kann man das Gewicht des Schlagwerkes abhängen oder man zieht das Schlagwerksgewicht gar nicht mehr hoch. Die optisch beste Lösung ist, den Kettenzug zu blockieren, wenn das Gewicht auf einer akzeptablen Höhe ist. Am sichersten geschieht das mit einem geöffneten Ring, der unmittelbar unterhalb des Kettendurchlasses am Gehäuse oder am Werkträger (je nach Uhrentyp), durch ein Kettenglied gefädelt und danach geschlossen wird.

Bei Kettenzuguhren mit Endlosaufzug, wie er bei den Friesischen Stuhluhren üblich ist, treibt ein einziges Gewicht sowohl das Gehwerk als auch das Schlagwerk an. Das Blockieren der Kette kommt hier also nicht infrage. Hier kann man aber das Schlagwerk mit einem Stift zwischen den Speichen des letzten Zahnrades vor dem Windrad blockieren. Als positive Nebenwirkung würde sich jetzt sogar die Laufdauer der Uhr erhöhen.

Den Schlag von Seilzuguhren kann man auf die gleiche Weise stoppen, und natürlich auch den von Federzuguhren. Die Methode mutet zwar brutal an, funktioniert aber kaum anders als die an manchen Uhren vorhandene „offizielle" Abschaltvorrichtung. Bei empfindlichen Federzuguhren sollte man allerdings vorziehen, das Schlagwerk ablaufen zu lassen, um es dann einfach nicht mehr aufzuziehen.

Mindern der Lautstärke

Etwas kniffliger wird es schon, die Lautstärke des Schlages zu drosseln. Den harten Klang eines metallischen Hammers kann man mit einer Lederauflage dämpfen und die Lautstärke über den Abstand des Hammers zur Glocke oder den Gongstab regulieren. Da sind oft nur Veränderungen im Millimeterbereich nötig, die vielleicht schon durch ganz vorsichtiges Biegen der Glockenhalterung oder der Gongspirale erreicht werden. Soll die Korrektur durch Verbiegen des Hammerdrahtes erfolgen, was bis zum Erreichen des erwarteten Effektes dann wohl mehrere Male geschehen wird, sollten Sie den Hammerdraht mit einer feinen Zange am Ansatz zur Hammerwelle festhalten, damit er sich dort nicht lösen kann. Bei dieser

Arbeit achten wir darauf, dass der Hammer senkrecht auf den Klangkörper fällt, um einen klaren Ton erzeugen zu können.

Öl in richtiger Dosierung und am rechten Ort

Wie lebenswichtig es für eine Uhr ist, an allen Stellen, an denen Reibung auftritt, gut geölt zu sein, hatten wir schon unter dem Thema „Lager und Wellen" (Seite 64) festgestellt. So gehört es auch zur Wartung einer Uhr, den Ölzustand und den Zustand der Lager etwa alle fünf Jahre zu kontrollieren, damit unsere treuen Zeitarbeiterinnen nicht in unerwarteten Generalstreik treten.

Schwarzes Öl an Lagern und Zapfen resultiert aus Metallabrieb, der in dem ursprünglich hellen Öl als schwarzes Farbpigment und untrüglicher Beweis für eingetretenen Verschleiß in Erscheinung tritt. Eine Ölung ohne vorherige gründliche Reinigung sollte hier unbedingt unterlassen werden, denn es verstärkt sich der Verschleiß mit zunehmendem Abrieb und zusätzlich noch durch die Beimischung von Staub. Letzterer ist insofern problematisch, als er wie Schmirgel wirkende mineralische Partikel enthält. Eine Uhr, die etwa zehn Jahre ununterbrochen gelaufen ist, sollte in jedem Fall vor der Ölung gereinigt werden. Uhren – z.B. die einer Sammlung – die nur gelegentlich laufen, unterliegen diesem Verschleiß natürlich nicht in dem Maße und man wird ihnen die Reinigungsprozedur, zu der ja auch das jeweilige Auseinandernehmen und Zusammenbauen des Werkes gehört, nicht so häufig antun wollen, das auch vom Zeitaufwand her kaum realisieren können.

Die zu kontrollierenden und ggf. zu ölenden Stellen sind:

- alle Lager des Geh- und des Schlagwerkes
- die Lager des Zeigerwerkes
- die Lager der Auslösemechanik des Schlagwerks
- die Paletten des Ankers / der Spindel
- die Pendelgabel an der Kontaktstelle zur Pendelstange
- Pendelaufhängung an Drahtösen z.B. bei Schwarzwalduhren
- Gesperre an Federzug- und Kettenzugwerken
- Kettenglieder an Uhrwerken mit Schnecke

Als Uhrenöl kommt wirklich nur ein als solches hergestelltes Öl für Großuhrenwerke (Nr. 3 bis Nr. 5) infrage. Gute Schmierprodukte sind besonders kohäsiv, sie neigen also nicht wie andere Öle auseinander zu laufen, um sich dann auf der Platine zu verteilen, sondern haften an der zu ölenden Stelle. Um diesen Effekt zu erzielen, darf die zugegebene Ölmenge aber nur minimal sein, und das ist nur mit einem speziellen Ölgeber zu erreichen, an dessen Ende ein feinstes Tröpfchen haftet, um an die zu ölende Stelle transportiert werden zu können.

Ein Ölgeber ist eigentlich nur ein nadeldünnes Stück Draht, dessen unteres Ende flachgequetscht eine ausreichende Oberfläche für das Haften einer winzigen Menge Öl bildet. Im Fachhandel sind solche Ölgeber im Satz zu verschiedenen Stärken erhältlich.

Abb. 115:

Sortiment Ölgeber (1)

Verschluss des Aromaröhrchens als Ölnäpfchen (2)

Ölgeber „nach Art des Hauses" (3)

Bei nur gelegentlichem Bedarf können Sie sich aber auch sehr gut mit einem etwa 0,5 mm starken Blumendraht helfen, dessen unteres Ende mit einer feinen Flachzange platt gequetscht wird. Das obere Ende des beliebig langen Drahtes zu einer Schlaufe gebogen, macht Ihren persönlichen Ölgeber noch etwas handlicher. Einen für viele Uhren ausreichenden Ölvorrat fülle ich mir zum aktuellen Gebrauch in ein Aromaröhrchen ab. Die sich mit dem Verschließen immer wieder selbstfüllende Verschlusskappe eignet sich dabei hervorragend als Ölnäpfchen.

Mit einer Ölsenkung versehene Lager sind natürlich optimal. Nur dürfen wir nicht annehmen, dass sie zur Vorrathaltung gefüllt werden müssen. Es gilt der Grundsatz, dass eigentlich nur die Zapfen zu ölen sind.

Theoretisch könnte man sich vorstellen, auch die Flanken der Zahnräder zu ölen. Das tun wir aber auf gar keinen Fall, denn im Laufe der Zeit würde sich dort das Öl allmählich mit dem nicht vermeidbaren Staub zu einem den Gang bremsenden und die Gleitflächen angreifenden Belag verdicken.

Mit der Reinigung eines Uhrwerkes, dazu gehört auch das Zerlegen und Zusammensetzen, werden wir uns später ausführlich beschäftigen.

Kosmetik für die Uhr

Angesichts der unzähligen Formen und Typen von Uhren und der Vielfalt der verarbeiteten Materialien müssen wir uns im Rahmen dieses Buches auf einige wesentliche Gedanken und Ratschläge zur Werterhaltung des Äußeren unserer Schützlinge beschränken.

Was wir im Sinne der Werterhaltung einer Uhr tun können und was wir besser lassen sollten, möchte ich hier nur im Rahmen meiner eigenen Erfahrungen und Beobachtungen weitergeben.

Gehäusepflege

Holzgehäuse

Holzgehäuse werden im Grunde genau so gepflegt wie entsprechende Möbel. Für altersverschmutzte Holzoberflächen, in denen sich Staub und Fett angesammelt haben, bietet die englische Firma Curator ein Mittel an, das nahezu Wunder vollbringt. Ohne giftig oder sonst wie umweltschädlich zu sein (Firmenangabe), reinigt es bei minimalem Verbrauch lackierte Holzoberfächen und lässt (meine Erfahrung) die ursprüngliche Oberfläche wieder wie neu erstrahlen. Dieses Produkt ist, wie sein Name sagt, ein wahrer „Clock Case Restorer" und unter diesem Namen auf Uhrenmärkten und im Versandhandel für Uhrenzubehör erhältlich.

Marmorgehäuse

Auch für Marmor gibt es geeignete Reinigungs- und Pflegemittel, auf die man in jedem Fall zurückgreifen sollte, bevor man mit gerade greifbaren Mitteln experimentiert. Auf gar keinen Fall darf man Marmoroberflächen (chemisch Calciumcarbonat) mit Säuren bzw. säurehaltigen Reinigungsmitteln wie Essigreiniger zu Leibe rücken, da saure Medien Marmor sofort angreifen und polierte Flächen stumpf bzw. rau machen. Wichtig ist regelmäßiges Staubwischen mit trockenem, weichem Tuch und die Reinigung der Ecken mit einem weichen Staubpinsel.

Metallgehäuse

Messinggehäuse, z.B. die der verglasten Reiseuhren, sind – jedenfalls bei besseren Stücken – vergoldet. Hier darf auf keinen Fall versucht werden, den über die Jahre etwas matt gewordenen Glanz mit schleifmittelhaltigen Polierpasten aufzufrischen, weil dadurch – wie bei leider so vielen Reiseuhren geschehen – das Gold abgerieben wird. Dann allerdings wird das Messing, das wegen seines hohen Zinkanteils rasch mit dem Sauerstoff der Luft oxidiert, immer wieder anlaufen und folglich hin und wieder mit einer Polierpaste aufgefrischt werden müssen. Stark angelaufene Messingteile einer verglasten Reiseuhr oder eines Kristallregulators bedürfen einer intensiven Behandlung, die dann am besten gelingt, wenn das Uhrgehäuse zerlegt wird. Dann hat man auch einmal Gelegenheit, die geschliffenen Facetten von der in Jahrzehnten angetrockneten Polierpaste zu befreien. Hinweise zur Demontage von Reiseuhren finden Sie auf Seite 73.

Bevor die nun sorgfältig gereinigten Teile wieder zusammenfügt werden, könnte man in Erwägung ziehen, die Messingteile mit Zaponlack zu überziehen, was sie dann für einige Jahre vor erneutem Anlaufen schützt. Eine Nachvergoldung ist, wenn sie nicht fachmännisch und sehr dezent erfolgt, problematisch, aber nicht so grundlegend abzulehnen wie z.B. bei feuervergoldeten Bronzependulen oder bei deren feuervergoldeten Appliken. Man trifft fast nie den Charakter einer alten Feuervergoldung und hat sehr schnell einer alten Uhr den Charme und das Flair des Antiken geraubt.

Reinigen und Aufarbeiten von Zifferblättern

Das Zifferblatt zieht wie kein anderes Detail einer Uhr den Blick auf sich, und nichts irritiert beim Betrachten einer Uhr mehr als ein beschädigtes, schlecht restauriertes oder sich gar als fabrikneu offenbarendes Zifferblatt. So ist der Zustand eines Zifferblattes verständlicherweise ein wesentlicher Faktor für die Wertbestimmung einer Uhr. Darum wollen wir bei etwaigen Restaurierungsversuchen, um die es im Nachfolgenden auch gehen wird, bestrebt sein, den Charme eines in Jahrzehnten oder sogar Jahrhunderten gealterten Zifferblattes möglichst zu erhalten. Nur in hoffnungslosem Fall sollte man den Ersatz durch ein neues Zifferblatt erwägen.

Die Auswahl der im Fachhandel erhältlichen Zifferblätter ist überwiegend auf Modelle der letzten hundert Jahre, vorwiegend in bedruckter bzw. lackierter Ausführung beschränkt. Es gibt nur noch wenige Emailleure, die Zifferblätter für Großuhren nach Vorlage anfertigen können, was dann aber sehr kostspielig ist und oft den Wert einer Uhr übersteigt.

Erschwerend kommt noch hinzu, dass das Anbringen des Zifferblattes auf der Trägerplatine handwerkliches Können voraussetzt, denn es müssen auf dem neuen Zifferblatt Füßchen in exakt der gleichen Position wie beim Original befestigt werden. Verfügt das neue Zifferblatt schon über diese Füßchen, korrespondieren die allerdings so gut wie nie mit den Bohrungen auf der Trägerplatine, die dann entsprechend neu gebohrt werden müssen. Die alten, nicht besetzten Bohrungen sind dann aber auch untrüglicher Beweis dafür, dass die Uhr nicht mehr über ihr orginales Zifferblatt verfügt.

Emaillezifferblätter reinigen

Relativ unproblematisch lassen sich Emaillezifferblätter reinigen. Hier reicht meist lauwarmes Wasser mit wenig Spülmittel vollständig aus. Hartnäckigeren Verschmutzungen kann man auch mit Spiritus zu Leibe rücken. Doch Vorsicht! Nicht selten sind Dekore oder Firmennamen nachträglich aufgedruckt und somit möglicherweise nicht beständig gegen Alkohol oder andere Lösungsmittel. So hatte ich selbst einst ziemliches Pech beim Reinigen des Zifferblattes einer wertvollen Reiseuhr, die vor der Behandlung mit Isopropylalkohol noch mit dem Schriftzug „*R. Pleissner* Dresden" auf ihre interessante Herkunft hinweisen konnte (ein nicht geringer Teil der im mathematisch-physikalischen Salon des Dresdener Zwingers beherbergten Uhren stammt aus der Sammlung eben jenes *Robert Pleissner*). Man sollte also in jedem Fall vor einem Reinigungsvorhaben, das gilt natürlich nicht nur für Zifferblätter, an einer wenig exponierten Stelle des zu reinigenden Teiles die Wirkung und Verträglichkeit des Reinigungsmittels testen.

Emaillezifferblätter sind sehr spannungsempfindlich. Im Bereich der Befestigung, also da, wo sie mit den „Füßchen" auf der Werkplatte oder einer Trägerplatine befestigt sind, aber auch über das ganze Zifferblatt verteilt, bilden sich bei auftretenden Spannungen mehr oder weniger sichtbare Risse, die dann besonders auffallen, wenn sich Schmutz in ihnen angesammelt hat. Wenn Sie sich zutrauen, das Zifferblatt auszubauen, lassen sich in einer Reinigungslösung, die einen Schuss Salmiakgeist enthält, feine Haarlinien nahezu unsichtbar machen. Salmiakgeist ist eine Ammoniaklösung, die man in verschiedener Verdünnung in Apotheken kaufen kann. Der Reinigungsvorgang dauert nur wenige Minuten, wobei man die beste Wirkung erzielt, wenn man mit einem sauberen Pinsel nachhilft. Eine Reinigung mit Ultraschall wäre zwar noch wirksamer, kann aber zum

Abplatzen von solchen Emaillepartikeln führen, die noch von benachbarter Emaille gehalten werden, sich jedoch schon vom Trägermetall gelöst haben. Nach der Reinigung wird das Zifferblatt unter fließendem Wasser abgespült und abgetrocknet, damit sich keine Kalkflecken bilden können. Abschließend noch der dringende Hinweis, beim Umgang mit Salmiakgeist die auf dem Etikett vermerkten Sicherheitsregeln zu beachten. Die sind u.a.: Schutzbrille, Gummihandschuhe und gute Belüftung.

Emaillezifferblätter ausbessern

Zum Ausbessern beschädigter Emaillezifferblätter bietet der Fachhandel ein sogenanntes „Zifferblattemaille" an, das in Wahrheit allerdings ein weißes und sehr hartes Wachs ist. Es wird als Bröckchen auf die aufzufüllende Stelle gelegt und durch Erhitzen des Zifferblattes erschmolzen. Nach dem Erkalten wird dann überschüssiges Material sauber abgeschabt. Das Erwärmen muss sehr behutsam und das ganze Zifferblatt gleichmäßig erfassend geschehen, weil sonst die Wärmedehnung des kupfernen Untergrundes zu weiteren Abplatzern führen kann. Im Laufe der Zeit vergilbt und verschmutzt dieses Wachs allerdings und wird dann unansehnlich.

Wenn sie auch aufwendiger in der Verarbeitung sind, so führen doch die lösemittelhaltigen Pasten, wie sie z.B. in Baumärkten zur Ausbesserung an Badewannen angeboten werden, zu besseren Ergebnissen. Sie sind sehr hart, farbbeständig, weitgehend lösemittelbeständig und bilden eine hochglänzende Oberfläche. Durch Farbmischung, meist ist nur ein winziger Blauanteil nötig, lässt sich der gewünschte Farbton recht gut einstellen. Allerdings muss das Material mehrfach nach dem jeweiligen Auftrocknen aufgetragen werden, da es mit dem Verdunsten des Lösemittels sehr stark schwindet. Die Trocknungsphasen von jeweils ca. 24 Std. ziehen diese Arbeiten natürlich in die Länge. Man kann die Prozedur jedoch mit einer grundfüllenden Lage rasch aushärtender Kunstharzspachtelmasse, wie sie auch im Karosseriebau verwendet wird, abkürzen. Übrigens lassen sich mit Kunstharzspachtelmasse auch recht gut unebene Flächen modellieren, z.B. Zahlenkartuschen, wie sie auf den Zifferblättern älterer französischer Pendulen bisweilen vorkommen. Die ausgehärteten Spachtelmassen lassen sich hervorragend schleifen, zeigen aber auch nach dem letzten Feinschliff mit allerfeinster Körnung eine matte Oberfläche, die dann mit einer Lackschicht dem Zifferblatt angeglichen werden muss. Für Letzteres eignet sich ganz besonders fein pigmentierter Acryl-Glanzlack auf Wasserbasis, wie er in der Malerei benutzt wird. Acrylfarbe bietet den großen Vorteil, noch kurze Zeit vor dem Abbinden mit Wasser wieder abgespült werden zu können, sodass mehrere Versuche bis zum zufriedenstellenden Ergebnis möglich sind.

Eine Restaurierung mit Echtemaille ist wegen der hohen Brenntemperatur praktisch ausgeschlossen. Es gibt wohl im Hobbybereich ein Schmelzpulver mit Emailleeffekt, das nach dem „Einbrennen" bei mäßigen 150 °C im Backofen recht hart wird und optisch wie Emaille wirkt. Leider lassen sich die Farben aber nicht absolut homogen untereinander mischen. Das reine Weiß ist meist eine Nuance zu hell.

Es macht auf jeden Fall Spaß sich mit dieser Materie zu befassen, doch sei vor allzu großer Euphorie gewarnt! Die Restaurierung beschädigter Emaillezifferblätter ist eines der schwierigsten Unterfangen, wenn man mit dem Ergebnis einigermaßen zufrieden sein möchte und setzt ein gehöriges Quäntchen an Erfahrung im Umgang mit den beschriebenen Mitteln voraus und natürlich graphische Fertigkeit, wenn es dann auch noch um das Ergänzen von Ziffern geht. Bevor wir uns an solche Arbeiten heranwagen, sollten wir uns ernsthaft prüfen und bedenken, dass ein Zifferblatt mit auffälligen Ausbesserungen meist viel unangenehmer ins Auge fällt als ein beschädigtes, das seine Altersspuren in Würde trägt.

Metallzifferblätter reinigen und aufarbeiten

Eine Reinigung sollte in jedem Fall nur vorsichtig mit weichem, feuchtem Tuch und ohne Lösemittel vorgenommen werden, denn gefährdet sind jetzt nicht nur die aufgedruckten Ziffern, es besteht auch noch die Gefahr, die ggf. als Anlaufschutz einst aufgetragene Zaponierung zu beschädigen.

Angelaufene versilberte oder goldfarbene Zifferblätter aufzufrischen, oder sie von Abnutzungsspuren zu befreien, ist äußerst schwer, erst recht, wenn die Ziffern aufgedruckt oder aufgemalt sind. Versuche, mit Farbauftrag hier etwas zu retten, führen selten zu dem gewünschten Ergebnis und verschlimmern eher noch den Zustand.

Etwas weniger problematisch ist das Auffrischen von Silberzifferblättern mit vertieft liegenden Ziffern. Hier darf das Reinigungsmittel schon etwas robuster sein. Falls sich von den Ziffern etwas Farbe ablösen sollte, lassen sich diese mit feinem Pinsel nachziehen bzw. austupfen.

Mit einer „Anreibeversilberung" kann man mit Geschick und Geduld der alten und abgenutzten Versilberung einen Teil ihres Charmes zurückgeben. Anreibeversilberung gibt es im Handel als trockenes Pulver, das ein silberhaltiges Salz enthält. Es wird mit sehr wenig Wasser zu einem pastösen Brei angerührt und unter leichtem Druck auf der vorher mit Spiritus entfetteten Fläche verrieben. Statt des empfohlenen Pinsels oder Lappens benutze ich zum Anreiben einen kleinen Polierfilz aus dem Zubehör meiner Minibohrmaschine. Mit dem Reiben entsteht zusehends eine hauchdünne, mattgraue Silberschicht, die anschließend gut mit klarem Wasser abgespült wird. Bei allem halten wir wegen der giftigen Substanzen natürlich auch hier die Sicherheitsratschläge ein!

Reinigen vergoldeter Appliken und Teile

Die frühen Feuervergoldungen an Lünetten, Appliken, Zeigern, Pendellinsen oder gar ganzer Uhrgehäuse sind meist über die Jahrhunderte sehr schön erhalten geblieben, sofern sie nicht unter Scheuermitteln gelitten haben, die glücklicherweise meist nur auf glatten Flächen ihr Unwesen trieben und dort schon ein gut Teil der Vergoldung abgetragen haben. Dennoch haben sich im Laufe der Zeit oft auch auf Vergoldungen hartnäckige Ablagerungen niedergelassen, gegen die man mit Alkohol und Seifenlösung nicht immer ankommt und Poliermittel auf gar keinen Fall einsetzen sollte.

Der Fachhandel bietet sehr wirksame Reinigungslösungen für Uhrwerke an, deren besonders effektive Komponente das schon erwähnte Ammoniak bzw. der Salmiakgeist ist. Ich führe diese Reinigungslösung, die eigentlich zur Reinigung von Uhrwerken gedacht ist, schon an dieser Stelle an, weil sie sich ganz allgemein auch hervorragend zum Reinigen von Edelmetallen, vergoldetem und nicht vergoldetem Messing eignet, nicht hingegen für Teile aus Zinn, Zink und Aluminium.

Diese Uhrenreinigungslösungen sind in der Regel als Konzentrat erhältlich und werden zur Anwendung im Verhältnis 1:9 mit Wasser verdünnt. Neben Wasser enthalten sie Isopropylalkohol, Ammoniak und etwas Olein für eine gewisse Rückfettung. Die Selbstherstellung lohnt eigentlich nicht, zumal es da wohl noch ein vom Etikett verschwiegenes Geheimnis gibt. Ich habe ausgiebig mit unterschiedlichsten Konzentrationen dieser vier Bestandteile experimentiert, aber nie ganz die Qualität der gekauften Lösung erreicht.

Am einfachsten gestaltet sich die Reinigung in einer Schale, wobei es am günstigsten ist, die Teile vollständig einzutauchen. Es genügt aber auch, sie in der bewegten Flüssigkeit mit dem Reinigungspinsel, der möglichst ein kurzhaariger Borstenpinsel sein sollte, an allen Stellen feucht zu halten.

Abb. 116: Teile der Pendule von Seite 85 (Abb. 87) im Reinigungsbad

Der Borstenpinsel hilft dabei, den Schmutz aus Ecken und Vertiefungen des Dekors herauszuwaschen. Manchmal kann aber auch der Einsatz von Zahnstochern oder angespitzten Schaschlikstäben helfen.

Die gesamte Prozedur ist meist nach etwa 15 Minuten abgeschlossen. Die gereinigten Teile werden dem Bad entnommen, sofort unter fließendem Wasser gründlich abgespült und mit einem weichen Tuch abgetrocknet, damit sich keine Kalkflecken bilden können.

Eine partielle Reinigung vergoldeter Teile am nicht zerlegten Gehäuse oder von schwer zu entfernenden Appliken ist möglich, muss aber sehr vorsichtig und unter Beachtung der Verträglichkeit der Reinigungslösung mit dem benachbarten Material erfolgen.

Zunächst wird eine kleinere Partie mit einem schmalen, kurzhaarigen Borstenpinsel angefeuchtet und gereinigt. Dabei bildet sich feiner Schaum, der die gerade in Behandlung stehende Fläche für einige Minuten, in der die reinigenden Substanzen ihre Wirkung entfalten können, feucht hält. In fortschreitender Arbeitsweise wird mit ein und dem selben Pinsel weiter ausgewaschen und der zuvor gereinigte Bereich von der verschmutzten Lösung befreit, wobei der Pinsel jeweils in der Lösung ausgespült wird. Die anschließende Spülung mit Wasser geschieht im Prinzip wie die Reinigung mit einem Pinsel, der jetzt für den Transport des Wassers längere Borsten haben kann. Auch die so gereinigten Teile werden mit einem weichen Tuch gut abgetrocknet.

Reinigen von Silber, versilberten Teilen und Appliken

Nur relativ selten finden wir an Großuhren – von den zuvor besprochenen Zifferblättern einmal abgesehen – silberne oder versilberte Teile. Daher nur ein paar wesentliche Anmerkungen.

Selbst von Juwelieren kann man mitunter hören, wenn Silber schwärzlich angelaufen ist, sei es oxidiert. Das mag man umgangssprachlich akzeptieren, im chemischen Sinne würde es aber bedeuten, dass Silber mit dem Sauerstoff der Luft reagiert, was es als Edelmetall – wie auch das Gold – aber nicht tut. Im Gegensatz zu dem doch etwas edleren Gold reagiert das Silber allerdings mit Schwefel, der sich als Schwefelwasserstoff in unserer Luft, und je nach Lüftung mehr oder weniger auch in unseren Wohnungen befindet, zu Silbersulfid, das uns schließlich als schwärzlicher Belag nicht nur auf massivsilbernen sondern auch auf versilberten Teilen begegnet.

Die Entfernung dieser Patina ist grundsätzlich entweder mechanisch mit Poliermitteln oder chemisch durch eine Reduktion des Silbersulfids z.B. in Tauchbädern möglich. Während man mit Silberpolituren bedauerlicherweise auch Silber abträgt, was dann bei versilberten Teilen sehr bald das Basismetall sichtbar werden lässt, ist natürlich die Tauchmethode sehr viel schonender. Allerdings entfernen Tauchbäder auch die schwarzen Stellen bis in den entferntesten Winkel hinein und nehmen so den Gravuren und Dekors den Kontrast, den sie als gestaltendes Element eigentlich brauchen, und ohne den Teile aus Silber recht langweilig aussähen.

Zur Auffrischung und Nachversilberung mit Hilfe einer Anreibeversilberung finden Sie Hinweise auf Seite 110 f. unter „Metallzifferblätter reinigen und aufarbeiten".

Das Aufarbeiten der Zeiger

Die gebräuchlichsten Zeigerwerkstoffe sind Messing und Eisen bzw. Stahl. Angelaufene Messingzeiger lassen sich polieren. Dabei sollte der erreichte Metallglanz mit der gesamten Erscheinung der Uhr korrespondieren, also nicht unbedingt Hochglanz erreichen. Filigran gearbeitete Messingzeiger und vergoldete Zeiger lassen sich sehr schön in der zuvor erwähnten Reinigungslösung auffrischen.

Stahlzeiger neigen im Laufe von Jahrzehnten dazu, Rost anzusetzen. Bei einfachen Uhren waren sie matt schwarz lackiert oder über einer Flamme mit Ruß geschwärzt und dann klar überlackiert.

Feine Stahlzeiger sind meist durch Erhitzen „gebläut", wobei sich infolge der Wärmeeinwirkung eine blauglänzende Oxidschicht bildet, die nicht nur sehr schön aussieht, sondern auch vor Korrosion schützt.

Das Bläuen von Stahl

Wir werden im Zuge von Restaurierungsarbeiten neben angerosteten Zeigern auch auf andere ursprünglich gebläute Stahlteile stoßen, die entrostet, poliert und wieder gebläut werden sollten. So passt es gut, uns an dieser Stelle mit dem Bläuen von Stahlzeigern exemplarisch für noch viele andere Eisenteile zu befassen.

Das Prinzip des Bläuens beruht darauf, Eisen / Stahl in trockener Atmosphäre durch Erwärmung zu oxidieren, also mit Sauerstoff aus der Luft in Verbindung zu bringen. Die dabei entstehende hauchdünne Oxidschicht umschließt das darunter liegende Eisen hermetisch gegen den Zutritt von weiterem Sauerstoff ab, sodass eine Rostbildung, die unter der Anwesenheit von Luftfeuchtigkeit sonst unvermeidbar wäre, nicht mehr stattfindet.

Zunächst wird der Zeiger sorgfältig und vollständig von Rost befreit. Dazu wählt man jetzt schon feines Schleifpapier, da die Metalloberfläche zum Bläuen spiegelblank und riefenfrei poliert sein muss. Ist der Rost entfernt, wird in mehreren Stufen mit zunehmend feinerem Schleifpapier bis etwa zur Körnung 1000 die Oberfläche feingeschliffen und anschließend mit Metallpolitur auf Hochglanz gebracht. Da wir auf dem Metall nun eine Oxidschicht aufbringen wollen, ist es ratsam, die Oberfläche z.B. in Spiritus von einem etwaigen Anlaufschutz, der den meisten Metallpolituren beigegeben ist, zu befreien. Ab jetzt sollten wir den Zeiger auch nur noch mit einer Pinzette anfassen, um Schweißflecken zu vermeiden.

Nun kommt es darauf an, den gut getrockneten Zeiger über einer Flamme langsam und gleichmäßig auf die richtige Temperatur zu erwärmen. In der Grafik (Abb. 117) sind die beim Erwärmen von Stahl auftretenden Anlassfarben wiedergegeben. Wir streben ein über den gesamten Zeiger gleichmäßig verteiltes Dunkelblau an. Das erreichen wir nur durch indirektes Erwärmen. Dazu legen wir den Zeiger auf ein Stück Stahl oder Kupfer von ein bis zwei mm Dicke, das allseits etwas größer ist als der Zeiger. Dieses Blech fassen wir mit einer Zange und bewegen es waagerecht haltend über einer Gas- oder Spiritusflamme hin und her. Bei kleineren Zeigern tut es auch eine Kerzenflamme. Sobald sich der erste Farbumschlag in

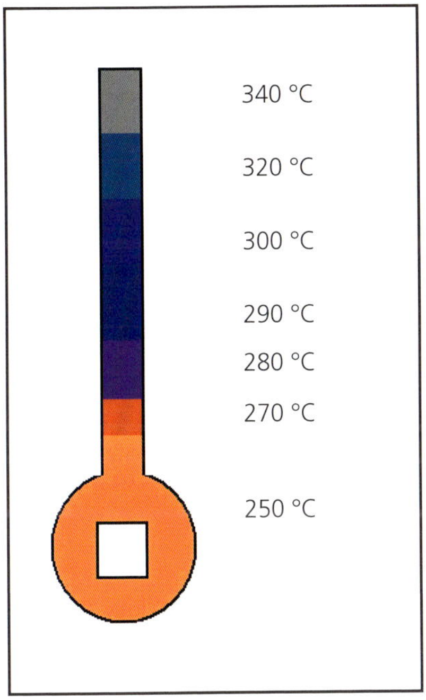

Abb. 117: Anlassfarben von Stahl

Braunrot zeigt, vergrößern wir den Abstand zur Flamme, damit der weitere Farbumschlag nicht zu rasch abläuft und wir den Prozess rechtzeitig unterbrechen können.
Die Umwandlung von Violett in Blau vollzieht sich in dem sehr kleinen Temperaturintervall zwischen 280 °C und 290 °C. Eine Erwärmung darüber hinaus würde zu einer hellblauen und schließlich grauen Oberfläche führen. Sollte uns das passieren, wäre das aber auch kein Problem, denn wir können den Vorgang beliebig oft wiederholen, müssen natürlich vorher die Oberfläche immer wieder blank schleifen.

Das Bläuen von Stahlteilen ist nicht nur eine kosmetische Maßnahme, sondern auch ein sehr wirksamer Rostschutz. Wenn wir uns im Uhrwerk einmal umschauen, werden wir viele gebläute Stahlteile finden, die mitunter Jahrhunderte ihren schönen blauen Stahlglanz erhalten haben.

Abschließend noch ein nicht unwichtiger Hinweis. Bevor Sie sich an das Bläuen eines Stahlzeigers heranmachen, untersuchen Sie ihn auf etwaige Lötstellen. Weichlötverbindungen würden sich bei der zum Bläuen nötigen Temperatur sofort lösen.

Vorbereitungen für den Transport

Wer sich in seinem Bekannten- und Freundeskreis erst einmal als Uhrenkenner offenbart hat, wird hin und wieder zu „Erster Hilfe“ gerufen, und das ist nicht selten nach einem Umzug, obwohl die Uhr bis zum Tag des Umzugs ja „... noch auf die Sekunde genau! ...“ ging.

In unserer immer mobiler werdenden Zeit mutiert manche Uhr, die dafür gar nicht vorgesehen war, unfreiwillig zur Reiseuhr. Die guten alten Reiseuhren – wir haben sie ja schon ausführlich kennen gelernt – hatten aber alle ein eigens für sie angefertigtes stabiles Futteral, in dem sie relativ gefahrlos mit auf Reisen gingen. Leider sind diese Futterale, die übrigens als Originale den Wert einer Reiseuhr erheblich steigern, größtenteils verloren gegangen; vermutlich weil die frühen Reiseuhren eben längst nicht mehr als solche genutzt werden. Gehen diese Reiseuhren heute aber nochmals auf Fahrt, sind vor allem die kaum ersetzbaren, mit Facettenschliff genau eingepassten Glasscheiben sehr gefährdet.

Ein Großteil der an Uhren auftretenden Schäden, nicht nur der äußeren, geht auf unzulängliche Transportbedingungen zurück. Meine Empfehlung wäre an dieser Stelle, jeder besonders kostbaren Uhr vorsorglich ein stabiles Behältnis anzupassen, in dem sie gefahrlos transportiert werden kann, denn in der Situation eines Umzugs findet sich dazu kaum Gelegenheit.

Hier nun einige Tipps zum sicheren Transport:
Der feste Karton – besser wäre eine stabile Kiste – sollte für den Fall der Fälle eine allseitig ausreichende Knautschzone besitzen und Platz für viel Dämmmaterial bieten. Letzteres kann als umweltschonende Maßnahme sehr gut dicht geknülltes Zeitungspapier sein. Falls Feuchtigkeit nicht ausgeschlossen werden kann, wird die von allen entfernbaren Teilen befreite Uhr (Pendel, Gewichte, Ansteckteile) in Folie gepackt.

Bei Kettenzuguhren muss verhindert werden, dass sich die Ketten vom Kettenrad lösen. Das geschieht am einfachsten und sichersten, indem man unterhalb des Kettendurchlasses am Gehäuse oder Werkträger einen Drahtstift durch das erste Kettenglied einer jeden Kette steckt und diesen am Gehäuse bzw. Werkträger mit Klebeband arretiert. Wickeln wir nun die Ketten, jede für sich, um ein Stück Karton, verhindern wir, dass sie sich ineinander verwickeln.

Bei Seilzuguhren sollten wir die Zugseile bis zum erneuten Aufhängen der Uhr leicht auf Spannung halten, damit sie sich nicht von den Seilrollen im Uhrwerk abheben können. Dazu zieht man am besten die Uhr noch mit den Gewichten so weit wie möglich auf und füllt dann den Zwischenraum zwischen Umlenkrollen und Seildurchlass mit einem Stück Schaumstoff oder Ähnlichem so aus, dass die Seilrollen auch noch nach der Abnahme der Gewichte unter einer leichten Zugspannung bleiben. So fixiert kann die Seilrolle auch keinen Schaden mehr am Gehäuse ausrichten.

Die Gewichte sollten gut, z.B. in mehrere Lagen Blisterfolie oder Wellpappe eingewickelt und gegen Verrutschen gesichert in der Transportkiste untergebracht werden. Das gilt auch für andere lose Teile, wie Aufsätze von Gehäusen und diverse abnehmbare Zierteile.

Besonderes Augenmerk verdient das Pendel. Auf jeden Fall sollten die zur Pendelaufhängung vorgesehenen und meist recht empfindlichen Teile vor Beschädigung oder Verbiegen geschützt werden. Dazu schient man das obere Ende des Pendels z.B. mit einem Stück Holzleiste und Klebeband.

Manch einfachere Pendel, wie wir sie mitunter an Schwarzwalduhren finden, haben eine verschiebbare Pendellinse. Fixiert man die mit Klebeband, oder markiert ihre Position am Pendelstab, erspart man sich das erneute Regulieren.

Bei Pendulen mit unverglastem Zifferblatt muss unbedingt durch eine stabile Abdeckung dafür gesorgt werden, dass weder die Zeiger noch das Zifferblatt beschädigt werden können.

Wenn dann nach gut überstandenem Umzug die Uhr für die nächsten glücklichen Stunden wieder in Gang gesetzt werden soll, könnte ein neues Problem auftauchen, ... der Schlüssel, irgendwo muss er doch sein...!

Also, will man sicher gehen, dass der Schlüssel (oder die Kurbel) nicht versehentlich mit dem Karton oder dem Verpackungsmaterial entsorgt wird, empfiehlt es sich, ihn an der Uhr oder der Pendelstange mit Klebeband zu befestigen.

Mit dieser Empfehlung schließt sich der Kreis der Überlegungen zum Thema Instandhaltung. Sollte die Uhr am neuen Ort wider Erwarten ihren Dienst verweigern, finden sich unter dem Thema „Betriebsstörungen und Abhilfe" sicherlich die passenden Hinweise und Tipps, die Ihre Uhr wieder fit machen.

Der Weg zu genauem Gang

Der Begriff „Gang“ wird in der Fachsprache in verschiedenen Deutungen benutzt. Dabei steht natürlich schon im Vordergrund, ob die Uhr genau, vor oder nach geht. Eine Uhr, die beispielsweise in 24 Stunden 2 min vor oder nach geht, macht einen Gang von 2 min.

Macht die Uhr keinen ausreichenden Gang, kann das aber auch bedeuten, dass das Pendel oder die Unruh nicht weit genug ausschwingt. Die Hemmung lässt dann nach einer Weile das Gangrad nicht mehr frei, und bei einer zusätzlichen Kraftanstrengung, das kann schon das Auslösen des Schlagwerkes oder die fortschreitende Verschmutzung des Räderwerkes sein, bleibt die Uhr stehen.

Sprechen wir z.B. von Spindelgang oder Ankergang, dann steht der Begriff „Gang“ für die jeweilige Hemmung einer Uhr.

Wir wollen uns aber jetzt der Frage zuwenden, wie wir einer nicht genau gehenden Uhr zu einem möglichst genauen Gang verhelfen können, ohne sie und uns dabei zu überfordern. Nun hängt es sehr vom Uhrentyp ab, wie genau wir sie einregulieren können und nicht zuletzt von unserer Geduld, wie weit wir dabei gehen wollen. Wenn wir einen Federzugregulator oder eine Pendule auf eine Gangabweichung von unter einer Minute je Woche und einen Gewichtsregulator bzw. eine gewichtsbetriebene Bodenstanduhr auf etwa eine halbe Minute pro 14 Tage – und das auch noch über das Jahr gleichbleibend – einreguliert haben, sind wir in aller Regel an die Grenzen dessen gekommen, was wir uns und unseren Uhren abverlangen sollten.

Genauer sollte es schon bei Präzisionsuhren zugehen, deren Feinregulierung wir jedoch den Experten auf diesem Gebiet überlassen müssen, um nicht den hier gesetzten Rahmen zu sprengen.

Wie wir aus unserer Einführung in die Uhrenkunde unter „Hemmung und Schwingsystem (Seite 16 ff.) wissen, wird der Gang einer jeden Uhr von einem mit konstanter Frequenz schwingenden Schwingsystem gesteuert. Das ist das Pendel für Pendeluhren, die Spiralfeder für Uhren mit Unruh und schließlich der Waagbalken für die ganz frühen Spindeluhren mit Gewichtantrieb. Schwerpunktmäßig werden wir uns dem großen Bereich der Pendeluhren widmen, aber auch etwas über Uhren mit Radunruh erfahren, damit wir auch unsere Reiseuhren regulieren können oder auch eine Spindeluhr mit Radunruh, die mit kleinem Werk im größeren Gehäuse ja auch zu den Großuhren gezählt werden kann.

Die Gangregulierung an Pendeluhren

Die wirksame Pendellänge entscheidet

Als theoretische Voraussetzung ist uns noch bekannt, dass ein Pendel ein isochroner Schwinger ist, dessen Frequenz von seiner Länge abhängt.

Nun kann ein Uhrpendel ein recht komplexes Gebilde sein, das sich aus unterschiedlichen Teilen zusammensetzt, deren jeweilige Gewichte bzw. Massen sich ungleich über die ganze Länge des Pendels verteilen. Deshalb ist für die Frequenz eines realen Pendels eben nicht seine tatsächliche, sondern seine **wirksame** Länge, also der Abstand zwischen der Aufhängung des Pendels und seinem Gesamtschwerpunkt, maßgebend (vgl. Seite 18 f.).

Folgende kleine Rechnung kann uns die Zusammenhänge deutlich machen:

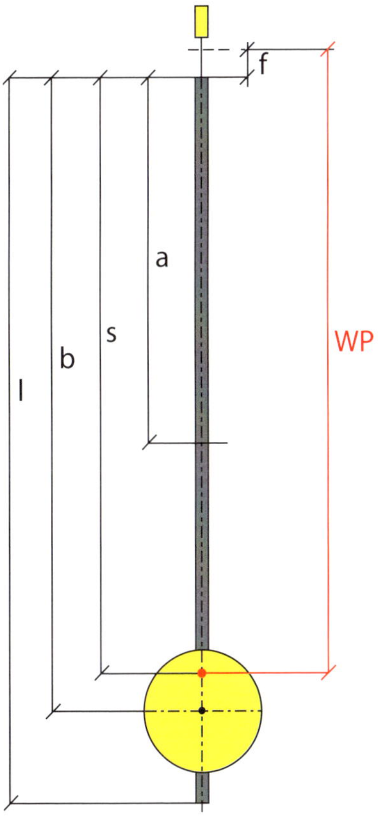

Abb. 118

Länge des Pendelstabes **l = 40 cm**
Abstand des Masseschwerpunktes der Pendelstange **a = 20 cm**
Gewicht des Pendelstabes $\mathbf{m_a = 10\ g}$

Abstand des Masseschwerpunktes der Pendellinse **b = 35 cm**
Gewicht der Pendellinse $\mathbf{m_b = 100\ g}$
Anteil der Pendelfeder bis zum Pendeldrehpunkt **f = 1,5 cm**
Gesamtgewicht des Pendels **m = 110 g**

Die wirksame Pendellänge ist gleich dem Abstand **s** des Gesamtschwerpunktes vom oberen Pendelende plus dem Längenanteil **f** der Pendelfeder bis zum Pendeldrehpunkt.

Unter Anwendung des Hebelgesetzes errechnet sich **s** wie folgt:

$$s \times m = a \times m_a + b \times m_b$$

$$s = \frac{(a \times m_a + b \times m_b)}{m}$$

$$s = \frac{(20\ \text{cm} \times 10\ \text{g} + 35\ \text{cm} \times 100\ \text{g})}{110\ \text{g}}$$

s = 33,64 cm

Der Gesamtschwerpunkt des Pendels liegt also erwartungsgemäß über dem Schwerpunkt der Pendellinse, und zwar um 35 cm - 33,64 cm = 1,36 cm. Die wirksame Pendellänge beträgt somit:

wp = 33,64 cm + 1,5 cm = **35,14 cm**

Wenn wir nun das Gewicht der Pendelstange verringern und das Gewicht der Pendellinse vergrößern, rückt der Gesamtschwerpunkt immer näher an den Schwerpunkt der Pendellinse heran. Die wirksame Pendellänge würde sich also ohne Veränderung der Lage der Pendellinse und der Länge des Pendelstabes vergrößern. Wenn Sie mögen, können Sie ja einmal die eben gemachte Rechnung mit entsprechend geänderten Gewichten nachrechnen. Es genügt uns aber, wenn wir für unsere nachfolgenden Überlegungen festhalten, dass auch die Verteilung der Massen am Pendel dessen wirksame Länge und damit die Frequenz des Pendels bestimmt.

Den Gang einer Pendeluhr zu regulieren heißt also, die für den genauen Gang der Uhr zutreffende Frequenz durch ggf. erforderliches Verändern der wirksamen Pendellänge einzustellen. Deshalb müssen wir wissen, auf welche Art und Weise das geschehen soll, an welcher Stelle des Systems es zweckmäßig ist, regulierend einzugreifen und welche Auswirkungen dieser Eingriff dann auf die jeweilige Gangveränderung hat, um ohne ständiges Überregulieren in möglichst wenigen Schritten zum erwünschten Gangergebnis zu kommen.

Prinzipiell gibt es drei Möglichkeiten, die wirksame Pendellänge zu beeinflussen:

1. durch Senken oder Anheben der Pendellinse
2. durch Verändern der wirksamen Pendellänge mit der Pendelaufhängung
3. durch Verändern der Gewichtsverhältnisse

1. Gangregulierung durch Heben bzw. Senken der Pendellinse

Bei den allermeisten Bodenstanduhren und Wanduhren wie Regulatoren, Freischwingern, Schwarzwalduhren, Comtoiser Uhren etc. wird der Gang durch Heben bzw. Senken der Pendellinse mit der Pendelmutter reguliert. Diese befindet sich meist unterhalb der Pendellinse, aber manchmal ist sie auch in die Pendellinse eingebaut. Da Pendelmuttern in aller Regel mit einem Rechtsgewinde versehen sind, gilt für die Regulierung Folgendes:

Die Uhr geht nach:
Der Gang muss beschleunigt werden
bzw. die Frequenz muss erhöht werden
bzw. die Pendellänge muss verkürzt werden
bzw. die Pendellinse muss angehoben werden
also: Die Pendelmutter muss nach rechts gedreht werden.

Die Uhr geht vor:
Der Gang muss verlangsamt werden
bzw. die Frequenz muss verringert werden
bzw. die Pendellänge muss verlängert werden
bzw. die Pendellinse muss gesenkt werden
also: Die Pendelmutter muss nach links gedreht werden.

Manchmal finden wir auf der Pendellinse mit den Buchstaben **R** und **A** einen Hinweis auf die erforderliche Drehrichtung. Das **R** steht dabei für das französische **R**etarder (verzögern) und das **A** für **A**vancer (beschleunigen). Auch englische Abkürzungen mit **S** für **S**low und **F** für **F**ast und die Kombinationen R/S bzw. A/F sind anzutreffen.

2. Regulierung durch Verändern der wirksamen Pendellänge mit der Pendelaufhängung

Bei Pendeluhren mit Fadenaufhängung (Seite 40 f.) kann zur Regulierung die wirksame Pendellänge durch Verkürzen bzw. Verlängern der Fadenschlaufe, in die das Pendel eingehängt ist, geändert werden. Das geschieht entweder von der Werkrückseite aus (vgl. Seite 41, Abb. 35) über einen Drehknopf direkt an der Welle, auf die der Faden aufgewickelt ist oder mit Schlüssel an einem kleinen Vierkant oberhalb der „12“ am Zifferblatt. Allerdings ist die Drehrichtung bei der Fadenaufhängung nicht eindeutig, sie hängt ja davon ab, wie der Faden aufgewickelt ist. Vor einer Regulierungsmaßnahme sollte man das auf jeden Fall abklären. Ist das Pendel zusätzlich mit einer Pendelmutter regulierbar, was bei schwereren Pendeln durchaus möglich ist, sollten wir dieser Methode unbedingt den Vorzug geben, sie ist bedeutend genauer und sicherer als die Veränderung der Fadenschlaufe.

Bei einer Pendelaufhängung nach *Brocot* wird die wirksame Pendellänge durch vertikales Verstellen der Führung der Pendelfeder mittels Schlüssel von der Zifferblattseite aus vorgenommen. Eine zweite Regulierungsmöglichkeit ist meist über eine Pendelmutter vorhanden, die der gröberen Voreinstellung dient. Bei beiden Verstellmöglichkeiten führt eine Rechtsdrehung zur Beschleunigung des Ganges.

3. Gangregulierung durch Verändern der Gewichtsverhältnisse am Pendel

Gewichtsveränderungen am Pendel führen, je nachdem an welcher Stelle sie vorgenommen werden, zu unterschiedlichen Resultaten. Ein zusätzliches Gewicht oberhalb des Gesamtschwerpunktes verlagert diesen nach oben bzw. verringert die wirksame Pendellänge, und zwar um so mehr, je näher dieses Zusatzgewicht an die Pendelaufhängung rückt. Bringt man hingegen ein Zusatzgewicht unterhalb des Gesamtschwerpunktes an, führt dies dann umgekehrt zu einer Vergrößerung der wirksamen Pendellänge.

Das jeweils Gegenteilige würden wir natürlich durch die Fortnahme von Gewichten oberhalb bzw. unterhalb des Gesamtschwerpunktes erreichen. Eine Zugabe oder Wegnahme von Gewicht genau im Gesamtschwerpunkt würde dessen Lage nicht verändern und hätte folglich auch keinen Einfluss auf den Gang einer Uhr.

Dass es nützlich sein kann, sich der Methode der Regulierung durch Gewichtsveränderungen am Pendel zu bedienen, wie es die Freunde von Präzisionsuhren per se tun, möchte ich an einem praktischen Fall schildern:

Ich hatte eine hübsche Portaluhr erworben, die, wie sich sehr schnell herausstellte, ihrer Zeit extrem vorauseilte. Den Versuch, den Gang durch Senken der Pendellinse entsprechend zu verlangsamen, musste ich aufgeben, weil das Pendel bereits den Sockel zu berühren drohte. Glücklicherweise gab es auf der Rückseite der gegossenen Pendellinse wie üblich eine Ballastkammer zum Austarieren (Seite 123, Abb. 120), da solche Pendellinsen infolge der erforderlichen Nachbearbeitung des Gusszustandes nie das gleiche Gewicht haben. Erleichtert konnte ich feststellen, dass die Ballastkammer leer war, und durch die Zugabe von etwas Bleischrot war der Pendelschwerpunkt so weit abgesenkt, dass ich die Pendellinse sogar wieder ein wenig anheben musste.

Hätte diese Uhr jetzt noch eine *Brocot*-Pendelaufhängung gehabt, dann hätten sich alle drei Regulierungsmöglichkeiten in einer Uhr befunden, was durchaus nicht selten vorkommt.

Abb. 119

Abb. 120

Abb. 119/120: Gegossene Pendellinse mit Ballastkammer zum Austarieren des Pendelgewichtes

Die Auswirkungen der Regulierungsschritte

Um entscheiden zu können, welche der drei Möglichkeiten der Einflussnahme auf die wirksame Pendellänge wir in einem konkreten Fall nutzen wollen, sollten wir schon eine Vorstellung davon haben, wie sich denn ein Regulierungsschritt, also z.B. eine Umdrehung der Pendelmutter oder eine Umdrehung des Vierkantes an der *Brocot*-Regulierung auf den Gang auswirkt.

Die nachfolgende Tabelle macht deutlich, wie schon geringste Veränderungen der wirksamen Pendellänge den Gang beeinflussen:

Wirksame Pendellänge (WP) mm	Veränderung der WP zur Korrektur des Ganges um 1 min in 24h
215 mm	0,3 mm
370 mm	0,5 mm
515 mm	0,7 mm
1000 mm	1,4 mm

Um eine Bodenstanduhr mit dem dort oft eingesetzten knapp 1 m langen „Sekundenpendel" (Seite 34) pro Tag um 1 min zu korrigieren, bedarf es nach der Tabelle einer Verstellung der Pendellinse um nur knapp 1,4 mm. Ein ca. 37 cm langes Pendel würde bei einer gleichgroßen Verstellung sogar eine Gangänderung von etwa 3 min pro Tag, also etwa 20 min in einer Woche verursachen! (Anmerkung: Diese Zahlen stimmen nur ungefähr, sie gelten für das mathematische Pendel, also ein Pendel mit masseloser Pendelstange. Je schwerer die Pendellinse bzw. leichter die Pendelstange, desto näher kommt ein reales Pendel an die Bedingungen des mathematischen Pendels heran)

Wie sehr sich die Reguliermöglichkeiten in ihrer Wirkung unterscheiden, wollen wir uns jetzt an drei kleinen Beispielrechnungen deutlich machen:

Für diese kleinen Berechnungen – Sie dürfen sich natürlich auch mit den fettgedruckten Ergebnissen begnügen – wählen wir ein 215 mm langes Pendulenpendel. Die weiteren Angaben stammen von vorhandenen Uhren.

1. Normale Aufhängung mittels Pendelfeder und Regulierung mit der Pendelmutter:

   Entsprechend der Gewindesteigung bewegt sich die Pendellinse je Umdrehung um 0,8mm auf oder ab.
   Nach unserer Tabelle von S. 123 genügen 0,3 mm für eine Gangkorrektur von 1 min / 24 Std.
   Eine volle Umdrehung der Pendelmutter verändert dann den Gang in 24 Stunden um
   0,8 mm : 0,3 mm / min = **2,66 min**

2. Pendelaufhängung und Regulierung nach *Brocot*:

   Die Übertragung der Drehbewegung des Verstellvierkantes auf die senkrechte Verstellspindel (Abb. 121) geschieht über Zahnräder. Die 10 Zähne des Verstellvierkantes greifen in 17 Zähne der Verstellspindel. Um Letztere einmal komplett zu drehen, muss also der Vierkant 1,7 mal mit einem Schlüssel gedreht werden. Dabei hebt bzw. senkt sich die Führung der Pendelfeder entsprechend der Steigung des Gewindes an der Verstellspindel um nur 0,5 mm.

Abb. 121

Eine Umdrehung des Verstellvierkantes (Schlüssels) verkürzt bzw. verlängert also die wirksame Pendellänge um nur

0,5 mm : 1,7 = 0,29 mm,

und das **verändert den Gang um 1 min je 24 Std.**

3. Fadenaufhängung:

Die Rechnung ist hier sehr einfach, denn der Hub des Pendels für **eine Umdrehung des Verstellvierkantes (Schlüssels)** errechnet sich aus dem halben Umfang der Welle, um die das freie Ende der Fadenschlaufe gewickelt ist. Das ist bei einem Durchmesser von 3 mm:

3 mm x 3,14 : 2 = 4,71 mm

und **verändert den Gang um**

4,71 mm : 0,3 mm/min = **15,7 min je 24 Std.**

Betrachten wir die Ergebnisse:
Der Extremfall liegt im Beispiel der Fadenaufhängung. Eine einzige Umdrehung des Vierkants verändert den Gang um ca. 1/4 Std. pro Tag! Wie schwer wird es da sein, den kleinen Drehwinkel zu treffen, der für die Korrektur von nur 1 min/Tag, also etwa 360° : 15 = 24° erforderlich ist! Verfügt das Pendel jetzt zusätzlich über eine mit der Pendelmutter verschiebbare Pendellinse, fällt uns die Entscheidung nicht schwer, die Regulierung eben dort vorzunehmen.

Am allerbesten schneidet in unserem Vergleich die Regulierung über den Verstellvierkant bei der Pendelaufhängung nach *Brocot* ab.

Eine noch feinere Regulierung bieten Pendel mit Pendellinse, wenn sich unter der Pendelmutter noch eine zusätzliche Mutter befindet, mit deren Gewicht der Pendelschwerpunkt feinst verstellt werden kann.

Empfehlungen zum Vorgehen bei der Gangregulierung

Nun dürfen wir nach den vorangegangenen Überlegungen nicht annehmen, wir könnten exakt berechnen, um wie viele Winkelgrade die Stellschraube oder der Stellschlüssel gedreht werden muss, um einen Gangfehler restlos zu beseitigen. Die Rechenbeispiele, ein Blick in die Tabelle und die Kenntnis der Pendelkonstruktion können uns aber vor ständigem Überregulieren bewahren. Schließlich wollen wir in unserem System von „Versuch und Irrtum" Letzteren möglichst gering halten, was uns dann schrittweise aber sicher zum gewünschten Ergebnis führen wird.

Kontrolle des Pendels und der Pendelaufhängung

Nachdem wir wissen, wie schon kleinste Veränderungen im Pendelsystem den Gang verändern können, werden wir uns vor Beginn der eigentlichen Regulierung noch kurz davon überzeugen, dass sowohl Pendel als auch Pendelaufhängung in Ordnung sind.

Die Pendellinse muss den Bewegungen der Pendelmutter absolut sicher folgen können, erst recht, wenn wir die Pendellinse absenken wollen. Tut sie das nicht, weil sie möglicherweise zu fest auf der Pendelstange sitzt, müssen wir sie ggf. mit der Hand dicht an die Pendelmutter drücken. Aufgeschraubter Zierrat, wie z.B. Gitterroste ohne Funktion etc., muss fest sitzen, damit er beim Hantieren nur ja nicht seine Position verändern kann.

Mit einem Blick auf die Pendelaufhängung vergewissern wir uns, dass der Pendelhaken auf dem Stift am Ende der Pendelfeder aufliegt und dass die Pendelfeder in einer geraden Linie zur Pendelstange und Pendelführung steht.

Bei einer Pendelaufhängung nach *Brocot* ist die Regulierbarkeit über die Vierkantwelle vom Zifferblatt aus auf nur wenige mm begrenzt. Deshalb sollte vor Beginn der Regulierung die Führung der Pendelfeder auf ausreichendes Spiel zum Regulieren in beide Richtungen eingestellt sein.

Auch bei der Fadenaufhängung muss genug Regulierspiel nach oben und unten gegeben sein. Hier kommt noch hinzu, dass wir Gefahr laufen, den Faden zu zerreißen, wenn er schon vollständig auf die Verstellwelle aufgewickelt ist. Im anderen Extremfall, wenn der Faden ganz abgewickelt ist, würden wir ihn bei unveränderter Drehrichtung des Schlüssels wieder aufwickeln. Anstatt einer beabsichtigten Verzögerung des Ganges träte jetzt zunächst unbemerkt eine Beschleunigung ein!

Die Regulierung eines Pendeluhrwerkes mit Fadenaufhängung erfordert ein besonders feinfühliges und – wie die Erfahrung zeigt – sehr geduldiges Vorgehen, weil zur Veränderung des Ganges meist ja nur wenige Grad der den Faden tragenden Welle genügen (vgl. Seite 125).

Erfassen der Abweichung und Korrekturkontrolle

Als Vergleichsuhr kommt natürlich nur eine sehr genau gehende Uhr infrage. Das ist bei mir ein digitaler Funkwecker mit Sekundenangabe aus dem Warenhaus. Während der Kontrollphase steht er in unmittelbarer Nähe der zu regulierenden Uhr. Die Weckfunktion ist nicht nur insofern von Vorteil, als das Erfassen der Abweichung in gleichmäßigen Zeitspannen von 24 Stunden, mehreren Tagen bis zu Wochen erfolgen sollte, es empfiehlt sich auch, dies stets bei genau gleicher Zeigerstellung zu tun, da insbesondere bei älteren von Hand gemalten Zifferblättern mit kleinen Unregelmäßigkeiten in der Zifferblatteinteilung gerechnet werden muss. Irritieren könnte eventuell auch ein Spiel im Zeigerwerk, was den Minutenzeiger auf der rechten Zifferblatthälfte vor- und auf der linken zurückfallen ließe.

Verfügt die zu kontrollierende Uhr über eine echte Sekundenanzeige (die Sekundenanzeige der meisten sogen. „Wiener" Regulatoren reduziert eine Minute mangels Sekundenpendel auf etwa 45 Sekunden, ist also nur Schau und Blickfang), gestaltet sich die Gangkontrolle wesentlich einfacher.

Die eigentliche Regulierarbeit vollzieht sich schrittweise, wobei die Auswirkung des jeweils erfolgten Regulierungseingriffes erfasst wird und den Maßstab für den nächsten Korrekturschritt, der dann entsprechend kleiner als der vorherige ausfallen sollte, bildet.

Als Sammler hat man bisweilen mehr als nur eine Uhr einzuregulieren. Dann ist es fast unmöglich, sich ohne schriftliche Notizen zu merken, was denn die letzten Maßnahmen an dieser oder jener Uhr bewirkt haben. In solchen Fällen helfe ich mir mit einem kleinen Protokollformular, in das die jeweiligen Korrekturschritte und deren Resultate eingetragen werden. Diese Protokollzettel bleiben bis zum Abschluss der Regulierungsarbeiten bei der jeweiligen Uhr.

So könnte ein solches Protokoll aussehen:

Bodenstanduhr			Beginn am 14.03.				Zeigerstellung 18:23Uhr	
Datum	15.	16.	17.	18.	19.	20.	21.	22.
Abweichung	-2,5′	-1′		-½				-½
Korrektur	2 >	½ >		¼ >				

Erklärung der Tabelle:
Nach 24 h, am 15.03., ging die Uhr ca. 2,5 min nach. Um den Gang zu beschleunigen wurde die Pendelmutter 2 ganze Umdrehungen nach rechts gedreht. Am nächsten Tag lief die Uhr nur noch 1 min nach. Dementsprechend kleiner fiel jetzt der Regulierungsschritt (½ Umdrehung nach rechts) aus. Die Abweichung am Folgetag war schwer abzuschätzen. Erst am übernächsten Tag ist eine deutliche Abweichung von ca. ½ min zu erkennen. Die Verstellung der Pendelmutter um ¼ Drehung nach rechts bewirkt, dass erst nach weiteren vier Tagen ein abschätzbarer Nachgang von ½ min festzustellen ist, was einem Nachgang von 1 min pro Woche entspricht und durchaus das Ziel der Regulierung sein könnte.

Gangregulierung an Uhren mit Radunruh

Wie wir schon festgestellt haben (vgl. Seite 28), gilt auch die Unruh mit Spiralfeder als isochroner Schwinger. Einschränkend müssen wir jetzt allerdings ergänzen: nur so lange der Schwingkörper, hier ist es das Rad der Unruh, in den Abmessungen und in seiner Masse nicht verändert wird. So war es in Notzeiten ein Trick, den Gang einer Uhr durch Auftragen von Lötzinn auf den Unruhreif langsamer zu machen.

Eine sehr sensible Möglichkeit, zur Regulierung in die Masseverteilung an der Unruh einzugreifen, ist bei Präzisionsuhren vorgesehen (Abb. 122).

Der Unruhreif trägt um seinen Umfang verteilt mehrere Regulierschrauben, mit denen der Uhrmacher (und nur der!) die Unruh sehr genau regulieren und auswuchten kann. Je weiter die Regulierschrauben nach außen gedreht werden, desto langsamer schwingt die Unruh und umgekehrt.

Abb. 122

Sollten wir einmal in die Verlegenheit kommen, den Gang einer Uhr wie den der oben abgebildeten Reiseuhr zu korrigieren, werden wir dies sehr behutsam ausschließlich mit dem „Rücker" tun, den wir vorsichtig in die entsprechende Richtung verstellen, die meist unter dem Rücker angegeben ist:

Rücker in Richtung + / A / F : (avancer bzw. fast) verkürzt die wirksame Spiralfederlänge und beschleunigt den Gang

Rücker in Richtung - / R / S : (retarder bzw. slow) verlängert die wirksame Spiralfederlänge und verzögert den Gang

Auch hier kommen wir rasch zum gewünschten Ergebnis, wenn wir im Prinzip, wie bei den Pendeluhren beschrieben, vorgehen, also:

- Abweichung erfassen (innerhalb einer bestimmten Zeitspanne)
- den Rücker um einen kleinen Betrag verstellen (meist befindet sich eine Strichskala auf der Rückerplatte)
- erneut die (jetzt reduzierte) Abweichung erfassen und entsprechend korrigieren … u.s.w.

Gangregulierung an Uhrwerken mit Spindelhemmung

Die Frequenz früher Spindeluhren mit Waagbalken wird sowohl vom Zuggewicht als auch vom Schwungmoment der Waag bestimmt. Während der Gang im Groben über das Zuggewicht, das war früher mitunter einfach ein Stein, voreingestellt wurde, erfolgte die genauere Regulierung durch Versetzen der Gewichte auf dem Waagbalken (Seite 23, Abb. 18).

Bei Spindeluhren mit Federzug geschieht eine erste gröbere Einstellung durch die Federvorspannung. Neben dem meist unter dem Zifferblatt verdeckt liegenden Gesperr für den Federkern (vgl. Seite 67, Abb. 70) verfügen Spindeluhren oft noch über einen Schneckentrieb, mit dem der Federkern auch während des Betriebes mit einem Schlüssel stufenlos verstellt werden kann (Abb. 123).

Abb. 123:
Federvorspannung mittels „Wurmschraube" (Pfeil)

Abb. 124:
Kleines Spindeluhrwerk in einer Reiseuhr:
Spindeluhren mit Radunruh und Spirale haben zur Regulierung ebenfalls einen Rücker, der in diesem Beispiel mit einem Vierkant in der Mitte des silbernen Hilfszifferblattes gestellt wird.

Betriebsstörungen und Abhilfe / Hilfethemen

Gedanken zum Verhältnis Laie / Uhrmacher

Im nächsten Kapitel werden wir uns auch solcher Probleme annehmen, die über Fragen der Wartung hinausgehend das Arbeitsfeld des professionellen Uhrmachers tangieren. Diese Arbeiten setzen sowohl grundlegende Kenntnisse über die Funktion eines Uhrwerkes und seiner Teile voraus, als auch ein Quäntchen an handwerklichem Geschick und Erfahrung im Umgang mit Werkzeugen und Werkstoffen.

Gerade am Anfang unserer „uhrologischen" Praxis sollten wir uns nicht zu viel zutrauen und im Zweifelsfall besser auf die Hilfe eines erfahrenen Uhrmachers zurückgreifen, erst recht dann, wenn es sich um eine Uhr handelt, deren endgültiger Exitus infolge misslungener Maßnahmen schwer zu verschmerzen wäre. Man wird als Uhrenbastler beim Uhrmacher, der wie jeder andere Fachmann seines Berufes mit Recht etwas auf seine Künste gibt, nicht gerade auf Anerkennung stoßen, wenn man eine wertvolle Uhr verbastelt hat und nun mit seiner Hilfe rechnet. Andererseits, so habe ich stets erfahren, wird uns Hobbyisten auch vom Profi sowohl Hilfe als auch Anerkennung zuteil, wenn wir uns ratsuchend an ihn wenden und uns nicht gleich mit unserem geballten Wissen als Kenner der Materie hervortun.

Auch sollten wir bedenken, dass es für manchen Uhrmacher gute Gründe gibt, sich ungerne mit alten Uhren zu befassen. Oft stehen die Reparaturkosten, die er berechnen muss, in keinem vernünftigen Verhältnis zu dem materiellen Wert der Uhr. Schließlich muss er auch noch für die geleistete Arbeit eine Garantie abgeben, sei es auch nur eine moralische, die dann immerhin noch auf das Konto seines guten Rufes geht.

Als Hobbyisten, die wir die Arbeit an alten Uhren ihrer selbst wegen lieben, leisten wir uns den Luxus, dabei nicht ganz so genau „auf die Uhr" schauen zu müssen. Wir können einem Problem munter und in aller Ruhe so lange nachgehen, bis sich der erhoffte Erfolg einstellt.

Wer allerdings einmal im Freundes- und Bekanntenkreis als Uhrendoktor bekannt geworden ist, wird sicherlich hin und wieder einmal um Rat gebeten werden und im Falle eines Falles auch Hand an eine fremde Uhr anlegen. Da kann aber schon der Verlust einer etwas aus der Norm geratenen Schraube, die sich für die nächsten Jahrzehnte hinter einer Fußleiste verschanzt hat, zum Problem werden. Ein Freund brachte diese Art von Missgeschick, für das man ja nun auch in irgendeiner Weise gerade stehen muss, auf die scherzhafte aber nachvollziehbare Formel: „Jede Gefälligkeit rächt sich!"

Sie sehen, nicht nur unsere Höflichkeit gebietet es, ein gutes Verhältnis zur Zunft der Uhrmacher zu pflegen.

Ich kenne Uhrensammler, die aus verschiedensten Gründen ihre Uhren nicht selbst reparieren; sie sind aber in der Lage, beim Erwerb einer defekten Uhr den Reparaturumfang in etwa abzuschätzen. Das kann dann natürlich eine enorme Entscheidungshilfe beim Uhrenkauf auf Antikmärkten oder Sammlerbörsen sein und den Kauf einer Uhr ermöglichen, die sonst außerhalb der finanziellen Reichweite liegt.

Die Werkstatt des Uhrenliebhabers

Der Arbeitsplatz

Die meisten Arbeiten erfordern ein Equipment, das allerdings weit über den üblichen Werkzeugkasten hinausgeht. So steht am Anfang unserer Arbeiten die Überlegung, wie ein unseren Ansprüchen genügender Arbeitsplatz beschaffen sein sollte und welche Werkzeuge, Geräte und Materialien zu einer akzeptablen, aber nicht übertriebenen Ausstattung gehören sollten.

Die nachfolgenden Empfehlungen haben den Uhrensammler und Uhrenfreund im Blick, der es nicht bei der Reparatur einer einzigen Uhr belassen möchte und decken im Wesentlichen den Bedarf ab, wie er für die in den Hilfethemen beschriebenen Arbeiten erforderlich ist.

Keinesfalls ist es übertrieben, sich einen festen Arbeitsplatz einzurichten. Arbeiten an alten Uhren sind oft recht langwierig, zumal sich oft längere Kontrollphasen anschließen. Der Arbeitstisch muss groß genug sein, um ausreichenden Platz für die Einzelteile der zerlegten Uhr in möglichst übersichtlicher Anordnung, das gerade benutzte Werkzeug und schließlich noch eine nicht einengende Arbeitsfläche zu bieten. Auch ist zu bedenken, dass die auf dem Tisch ausgebreiteten Teile dort über mehrere Tage liegen bleiben müssen. Sie wären dann ein durchaus attraktives Spielfeld für den kleinen Sohnemann oder die Enkeltochter, die dann entdecken würden, wie wunderbar sich größere Zahnräder als Kreisel eignen.

Gutes Licht ist eine weitere Bedingung. Tageslicht ist von Vorteil, reicht aber nicht aus, wir benötigen noch mindestens eine, besser zwei verstellbare Lampen, mit denen wir den Arbeitsbereich und ein Uhrwerk von allen Seiten gut ausleuchten können. Eine kleine Taschenlampe für die Untersuchung „vor Ort" ist ebenfalls empfehlenswert.

Zum festen Arbeitsplatz gehört dann auch eine Unterbringungsmöglichkeit für all die Dinge, die im Augenblick nicht gebraucht werden. Es ist erstaunlich, was sich da im Laufe der Zeit an Werkzeug und anderem nützlichen Kleinkram ansammelt. Ein mobiles Schubladenschränkchen, das unter dem Tisch noch Platz findet, reicht da sicher für den Anfang.

Es gibt Karikaturen, die einen auf allen Vieren über den Fußboden kriechenden Uhrmacher auf der Jagd nach irgendeinem Kleinteil zeigen. Weil wir es diesem so Karikierten mit absoluter Sicherheit noch oft genug nachmachen werden, ist ein glatter, heller Fußboden sehr von Vorteil.

Werkzeug und Geräte

Der Schraubstock

Ein kleiner Parallelschraubstock mit glatten, sauberen und präzise geführten Spannbacken ist unverzichtbar. Wenn sich dieser Schraubstock dann auch noch in seiner Neigung über ein Kugelgelenk der jeweiligen Arbeitssituation anpassen lässt, ist er optimal. Ergänzt werden sollte er dann noch durch Schutzbacken, die auf die Spannbacken aufgesetzt empfindliche Teile und Oberflächen gegen Beschädigungen schützen. Sie gehören meist zum Lieferumfang dazu. Ersatzweise kann man sich solche Schutzbacken je nach Bedarf aus Aluminium- oder Messingblech oder auch aus Hartholz selbst anfertigen.

Elektrisches Bohr- und Schleifgerät

Auf eine der von verschiedenen Firmen auch auf Baumärkten angebotenen Minibohrmaschinen, in deren Futter sich die diversesten Bohrer, Schleif- und Polierwerkzeuge einspannen lassen, sollte man keinesfalls verzichten. Man kann diese kleinen, hochtourig arbeitenden Maschinchen entweder mit 12-V-Gleichstromantrieb und einem entsprechenden Netzteil oder mit 230-V-Netzanschluss erhalten. In meiner Ausrüstung habe ich beides. Ein großer Vorteil des 12-V-Bohrschleifers besteht darin, dass man ihn mit einem handelsüblichen 12-V-Eisenbahntransformator betreiben kann. Dieser ermöglicht nicht nur eine stufenlose Drehzahlregelung von sehr hoher bis zu extrem niedriger Drehzahl für besonders diffizile Arbeiten, man kann auch noch die Drehrichtung ändern.

Der 230-V-Minibohrschleifer ist dem „härteren" Einsatz vorbehalten. Ergänzen wir ihn noch mit einem passenden Bohrständer, der es erlaubt, den Bohrer auch in die Horizontale zu bringen, haben wir schon fast ein Drehmaschinchen, auf dem sich mit der Feile sehr schön diverse Kleinteile aus Rundstahl oder Messing, z.B. konische Vorsteckstifte, ausarbeiten lassen.

Zubehör: **Bohrer** in guter HSS-Qualität, in ½-mm-Abstufung von 0,5 bis 5,0 mm Durchmesser
Schleif- und Poliereinsätze:
Trennscheiben, Diamantfräser in Zylinder- und Kugelform, Gummischleifteller für selbsthaftende Schleifpapierscheibchen, Polierfilze und Poliergummis in diverser Form.

Handwerkzeug Abb. 125

- Satz Feinmechaniker-Schraubendreher Klingenbreite 1,5 bis 5,0 mm
- Pinzetten in diverser Größe und Form / Uhrmacherlupe 3,5x
- Spannwerkzeuge für Kleinteile: Stielfeilkloben / diverse Stiftenkloben
- Sägebogen und feine Laubsägeblätter für Metall
- Satz Schlüsselfeilen / Satz Nadelfeilen (feiner Hieb!)
- Pinsel verschiedener Größe und Härte / Uhrmacherbürste
- Putzhölzer (Schaschlikspieße / Zahnstocher)
- Satz Zangen (Flach-, Spitz- und Rundzange, Seitenschneider)
- Ölgeber / Messschieber / Spiegel / Uhrmacherhammer
- Amboss oder andere stabile Klopfunterlage aus Stahl
- Teesieb (zum Eintauchen von Kleinteilen in die Reinigungslösung)

Materialien und Hilfsstoffe:

- Schleifpapier für Metall in den Körnungen 400 bis 1000
- Polierpaste für Stahl und für Edelmetalle
- Entrostungsmittel
- Buchenholzstäbchen 10 mm x 5 mm ca. 120 mm lang als Träger für Schleifpapier und Polierleder / Lederreste (Wildleder)
- Uhrenreinigungskonzentrat (vgl. Seite 111 f.)
- Destilliertes Wasser
- Uhrenöl Nr. 5
- Rundmessing und Rundstahl in verschiedenen Durchmessern von
- etwa 0,5 bis 5 mm zum Anfertigen von Stiften verschiedenster Art

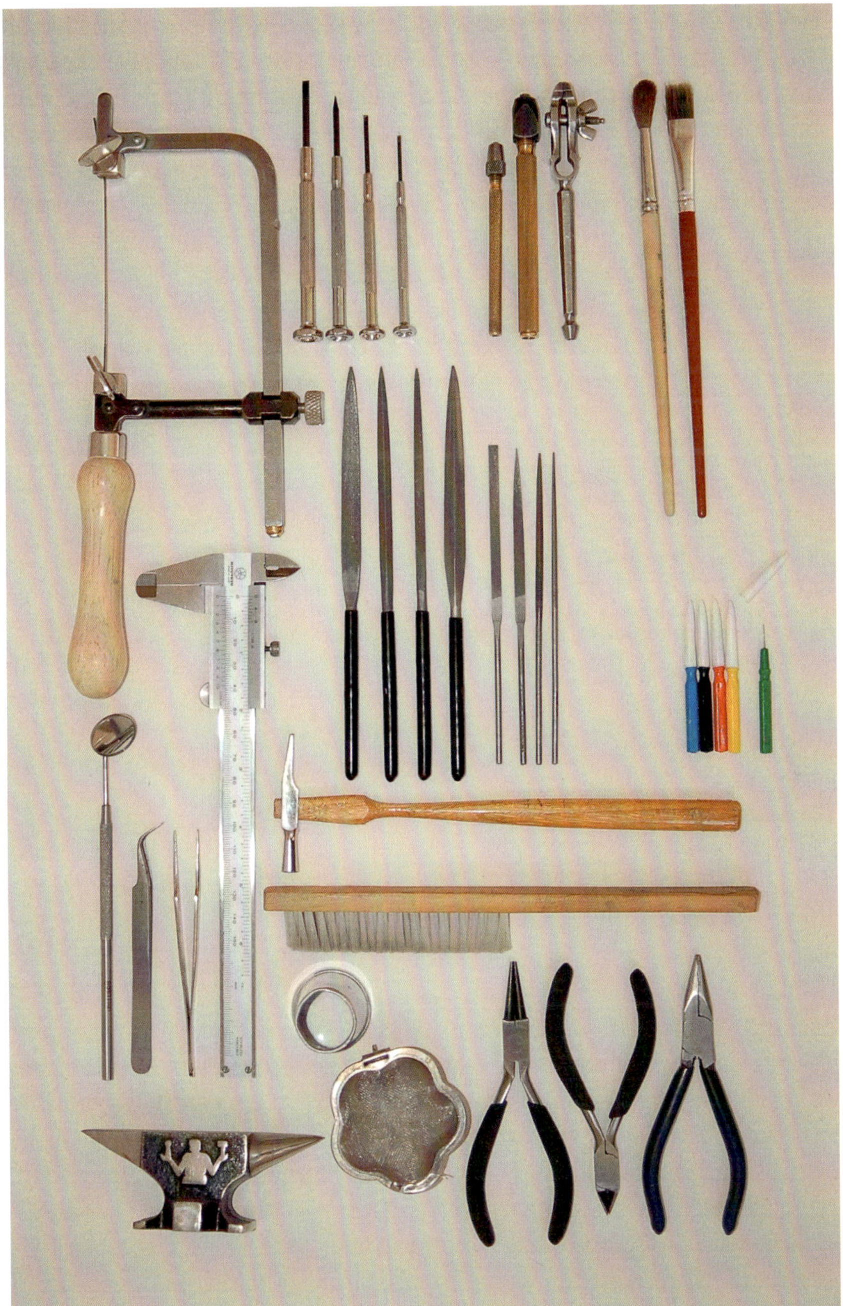

Abb. 125: Grundausrüstung für die Hobbywerkstatt

Die Diagnose von Betriebsstörungen

Um Betriebsstörungen einer Uhr bewerten zu können, auch um abschätzen zu können, ob man den Schaden selbst beheben kann, muss man schon ein klares Bild von der Störungsursache haben. Hinter der Erkenntnis, dass die Uhr nicht mehr läuft, verbergen sich unzählige Ursachen, von denen sogar mehrere gleichzeitig zutreffen können. Ein typisches Beispiel hierfür wäre ein Federbruch, in dessen Folge der Zahnkranz des Federhauses und eventuell noch weitere Zahnräder in Mitleidenschaft gezogen wurden. Es treten aber gerade bei alten Uhren, bevorzugt bei sogenannten Dachbodenfunden durchaus auch Mehrfachfehler auf, die nicht in ursächlichem Zusammenhang stehen. Die Vergangenheit einer Uhr zu kennen, ist bei der Diagnose durchaus von Nutzen. Ob eine offensichtlich endgültig streikende Uhr früher schon hin und wieder einmal stehen blieb, schränkt die Zahl der wahrscheinlich zutreffenden Fehlerursachen schon erheblich ein.

Auf solchen einschränkenden Beobachtungen beruhen die nachfolgenden tabellarischen „Diagnoseschlüssel". Zur besseren Übersicht sind sie in Probleme des Geh- und Schlagwerks untergliedert.

Der Umgang mit dem Diagnoseschlüssel ist sehr einfach, wir spielen einmal folgendes Beispiel durch: Eine Wanduhr schlägt falsch.

Wir beginnen im „Diagnoseschlüssel für Schlagwerksprobleme" bei der Ziffer „0" und werden mit der lapidaren Feststellung „Uhr schlägt falsch" auf Ziffer „1" verwiesen. Dort bestätigen wir, dass unsere Uhr zwar immer pünktlich, jedoch stets um die gleiche Anzahl von Schlägen falsch schlägt. Diese Einschränkung führt uns zur Ziffer „2".

Mit Kennerblick stellen wir fest, dass die Uhr ein Rechenschlagwerk besitzt und finden als wahrscheinliche Ursache angegeben, dass der Stundenzeiger – warum auch immer – falsch steht. Rasche Abhilfe verspricht nun das Hilfethema „Synchronstellung bei Rechenschlagwerken" auf Seite 101 in diesem Buch, wo wir noch einmal nachlesen könnten, was wir im Kapitel „Betrieb und Instandhaltung" bereits kennen gelernt hatten.

	Diagnoseschlüssel für Probleme mit dem Gehwerk		
	Problembeschreibung / Symptome	**Weiter zu Ziffer / Mögliche Ursache**	**Hilfethemen (siehe Seite)**
0	Uhr läuft plötzlich gar nicht mehr (z.B. nach Transport)	1	
	Uhr bleibt öfter mal stehen	4	
	Uhrwerk läuft, aber Zeiger laufen nicht mit	Spiel im Minutenrohr	Spiel im Minutenrohr (S. 197)
1	Bei schwingendem Pendel entsteht kein Tickgeräusch	2	
	Uhr „hinkt"/ tickt ungleichmäßig	ungleicher Abfall	Korrekt. am Ankereingriff (S. 162)
2	Minutenzeiger nicht verstellbar	Blockade in Zeigerwerk oder Kadratur	Blockade in Zeigerwerk ... (S. 187)
	Minutenzeiger lässt sich verstellen	3	
3	Feder bzw. Gewicht ist aufgezogen / lässt sich normal aufziehen	Blockade im Uhrwerk	Blockaden im ... (S. 172)
		Ankereingriff zu tief	Korrekt. am Ankereingriff (S. 162)
	Uhrwerk lässt sich endlos „aufziehen"	Federbruch	Reparatur / Ersatz e. Zugfeder (S. 180)
		Kettenriss im System Kette-Schnecke	Reparatur der Kette (S. 183)
	Feder nicht aufziehbar, Aufzugsvierkant rastet nicht ein	Defekt am Sperrkegel /-Rad	Reparaturen a. Aufzugsgesperr (S. 185)
4	Uhr „hinkt" bzw. tickt ungleichmäßig	ungleicher Abfall	Korrekturen a. Ankereingriff (S. 162)
	Pendel macht Schlingerbewegungen	defekte Pendelfeder	Ersatz d. Pendelfeder (S. 169)
	Uhr geht „im Takt" bzw. tickt gleichmäßig, bleibt aber nach einiger Zeit wieder stehen	fehlende Schmierung	Öl in richtiger Dosierung (S. 104)
		Verschmutzung	Reinigen, Zerlegen e. Uhrw. (S. 140)
		Lager-/ Zapfenverschleiß	Reparat. an Lagern u. Zapfen (S. 175)
		Ankereingriff zu gering	Korrekt. am Ankereingriff (S. 162)
		Zugfeder ermüdet	Reparatur / Ersatz e. Zugfeder (S. 180)
		Zuggewichte zu gering	Ermitteln des Aufzuggew. (S. 195)

Diagnoseschlüssel für Probleme mit dem Schlagwerk			Hilfethemen (siehe Seite)
	Problembeschreibung / Symptome	Weiter zu Ziffer / Mögliche Ursache	
0	Uhr schlägt „auf einmal" gar nicht mehr	5	
	Uhr schlägt manchmal nicht	4	
	Uhr schlägt immer etwas zu früh oder zu spät	7	
	Uhr schlägt falsch	1	
1	Die Uhr schlägt pünktlich u. in richtiger Reihenfolge aber parallel versetzt zur Zeitangabe (z.B. zur vollen Stunde immer 3 Schläge zuviel)	2	
	Schlagabfolge ist in sich nicht folgerichtig	3	
	Die Uhr schlägt mitunter mehr als 12 Schläge	Einfallhebel nicht mehr gängig	Reinigen, Zerlegen e. Uhrw. (S. 140)
			Öl in richtiger Dosierung (S. 104)
	Die Uhr schlägt „endlos" weiter	Stift am großen Anlaufrad abgebrochen oder verbogen	Richten u. Ersetzen von Stiften (S. 165)
2	Uhr mit Schlossscheibenschlagwerk	Schlossscheibenstellung nicht synchron	Synchronstellung bei Schlossscheibenschlagw. (S. 102)
	Uhr mit Rechenschlagwerk	Stundenzeiger steht falsch	Synchronstellung bei Rechenschlagwerken (S. 101)
3	Uhr mit Schlossscheibenschlagwerk	Schlossscheibe sitzt falsch auf Vierkant/ Einfallhebel defekt	Kontrolle v. Schlossscheibe u. Einfallhebel (S. 190)
		Hebestift / Hebnägel fehlen oder sind abgenutzt	Richten u. Ersetzen von Stiften (S. 165)
	Uhr mit Rechenschlagwerk	Fehler in der Kadratur des Schlagwerkes	Kontrolle d. Schlagwerkskadrat. (S. 189)
		Fehlende oder abgenutzte Hebnägel, abgenutzter Hebestift	Richten u. Ersetzen von Stiften (S. 165)

Diagnoseschlüssel für Probleme mit dem Schlagwerk			
	Problembeschreibung / Symptome	**Weiter zu Ziffer / Mögliche Ursache**	**Hilfethemen (siehe Seite)**
4	Fehler tritt eher bei schon etwas abgelaufenem Schlagwerk auf	fehlende Schmierung	Öl in richtiger Dosierung (S. 104)
		Verschmutzung	Reinigen, Zerlegen e. Uhrw. (S. 140)
		Lager-/ Zapfenverschleiß	Reparat. an Lagern u. Zapfen (S. 175)
		Zugfederermüdung	Reparatur / Ersatz e. Zugfeder (S. 180)
	Fehler tritt auch bei voll aufgezogenem Schlagwerk auf	s.o. / auch: verbogener oder abgenutzter Auslösenocken und/oder Anlaufhebel (S. 47)	s.o. / auch Richten u. Ersetzen von Stiften (S. 165)
5	Feder lässt sich endlos aufziehen	Federbruch	Reparatur / Ersatz e. Zugfeder (S. 180)
	Feder nicht aufziehbar, weil der Aufzugsvierkant nicht einrastet	Defekt am Sperrkegel- / - Rad	Reparat. a. Aufzugsgesperr (S. 185)
	Beim Stellen des Minutenzeigers über 12 / 6 ist das Fallen des Auslösehebels hörbar	6	
	Ein Fallen des Auslösehebels (s.o.) ist nicht hörbar	Auslösenocken am Minutenrad abgebrochen oder stark verbogen	Richten u. Ersetzen von Stiften (S. 165)
6	Das Schlagwerk löst hörbar aus, läuft aber nicht an	Blockade im Rädersystem des Schlagwerkes	Blockaden im Uhrwerk (S. 172)
	Das Schlagwerk „zählt" hörbar, erzeugt aber keinen Schlag auf die Glocke oder auf die Klangfeder	Glocke, Tonfeder, Hammer in falscher Position oder lose	Einstellen d. Klangkörper (S. 193)
7	Der Schlag löst immer um den gleichen Betrag etwas zu früh oder zu spät aus	Position des Vierkants am Minutenzeiger / Verschleiß in der Auslösemechanik	Abgleich d. Pos. von Zeigervierkant und Auslösemechanik (S. 191)
	Etwas zu früh oder zu spät bei Schlägen nur zur vollen **oder** zur halben Stunde	Auslösenocken am Minutenrohr verbogen	Richten u. Ersetzen von Stiften (S. 165)

Reinigen, Zerlegen und Zusammensetzen eines Uhrwerkes

Eine Uhr demontieren, das Uhrwerk in seine Einzelteile zerlegt reinigen und alles wieder zu einer sicher durchlaufenden Uhr zusammensetzen zu können, ist die wohl wichtigste und grundlegendste Fertigkeit, die wir als Uhrentüftler beherrschen sollten. Ein großer Teil der Probleme von Gang und Schlag geht auf die Verschmutzung und Verharzung der Gleitflächen an Lagern, Hemmung und Zahnrädern zurück. Dabei ist nicht das eigentliche Problem, dass das verharzte Öl den Gang allmählich bis zum Stillstand des Uhrwerkes ausbremsen kann. Wesentlich dramatischer für den Zustand der Uhr ist, dass die aggressive Mischung aus Öl und Staub die Lager und Zapfen angreift. Wir hatten bereits unter dem Thema „Raumklima“ (Seite 93 f.) und „Öl in richtiger Dosierung“ (Seite 104 f.) dieses Problem erkannt. So sollten wir also mit der Reinigung nicht warten, bis die Uhr in ihrem eigenen Schmutz stecken geblieben ist. In welchen Zyklen Großuhrwerke gereinigt werden sollten, ist schwer zu sagen. Wenn man optisch den Eindruck von einem verschmutzten Uhrwerk hat, ist der rechte Zeitpunkt vermutlich aber schon längst überschritten und eine Reinigung ist jetzt unerlässlich. Finden wir trocken gelaufene Lager mit schwarzem Metallabrieb vor, ist ebenfalls eine Reinigung dringend angesagt. Das Werk jetzt lediglich nachzuölen, mag sie zwar für eine kurze Zeit wieder mobilisieren, aber letztlich schadet ihr das nur. Auch wenn ich gestehen muss, mich selbst nicht immer konsequent daran zu halten, würde ich empfehlen, ein Großuhrwerk etwa alle 10 Jahre zu reinigen und dann natürlich auch zu ölen. Ist das Uhrwerk nicht staubdicht eingekapselt wie beispielsweise bei Portaluhren oft der Fall, kann auch schon nach fünf Jahren eine Reinigung angebracht sein. Große Uhrwerke von Bodenstanduhren können auch durchaus, je nach den Bedingungen unter denen sie ihren Dienst tun, 15 bis 20 Jahre warten.

Ausbau des Werkes

Wir beginnen den Werksausbau mit der Entnahme des Pendels, sofern die Aufhängung sich nicht, wie z.B. bei Wiener Regulatoren, an der Gehäuserückwand befindet. Dabei müssen wir mit Rücksicht auf die empfindliche Pendelfeder sehr behutsam vorgehen. Auf jeden Fall vergewissern wir uns, ggf. mit einer Taschenlampe, wie das Pendel aufgehängt und geführt ist.

Bei Gewichtsuhren hängen wir noch die Gewichte ab. Es kann durchaus sein, dass sie für Geh- und Schlagwerk bei gleicher Größe unterschiedlich schwer sind. Ist das der Fall, markieren wir die Gewichte entsprechend. Nun stellt sich die Frage, ob die Kette im Werk verbleiben soll. Wird das Werk zwecks Reinigung in jedem Fall auseinander genommen, ziehen wir die Kette jetzt schon heraus, nachdem wir die Kettenringe und Haken entfernt haben.

Der weitere Ausbau ergibt sich aus der Konstruktion des Uhrgehäuses. Wir können uns gegebenenfalls hierzu unter der Überschrift „Das Uhrwerk im Gehäuse" (Seite 68 ff.) noch einmal informieren.

Entfernen von Zeigern und Zifferblatt

Wenn das Zifferblatt Bestandteil des Uhrgehäuses ist, müssen die Zeiger schon vor dem Ausbau des Werkes abgenommen werden. In den meisten Fällen hängen Zifferblatt und Werk jedoch als Baugruppe zusammen und werden auch so aus dem Gehäuse ausgebaut.

Die Zeiger sind entweder mit einem Vorsteckstift oder mit einer Zeigermutter auf der Zeigerwelle befestigt. Das Entfernen eines Vorsteckstiftes kann auf Schwierigkeiten stoßen, wenn er zu fest sitzt. Ein ordnungsgemäßer Vorsteckstift ist konisch verjüngt, um in der Bohrung wie ein Keil festen Halt zu bekommen. Im Zweifelsfall vergewissern wir uns mit der Lupe darüber, in welcher Richtung der Stift entfernt werden muss, damit er nicht irrtümlich noch fester gedrückt wird als er ohnehin schon ist und schließlich so fest sitzt, dass er bei weiteren Versuchen ihn zu lösen abbricht. Deshalb sollte gerade der Vorsteckstift auf der Zeigerwelle aus hartem, aber nicht gehärtetem Stahl gefertigt sein. Ein solcher Stift lässt sich meist gut mit einer kleineren Flachzange aus der Welle herausdrücken (Abb. 126). Der Minutenzeiger wird sich nun leicht abheben lassen.

Abb. 126

Wenn der Stundenzeiger mit seiner Buchse etwas stramm auf seiner Welle sitzt, sodass wir ihn nicht mit den Fingern abziehen können, hebeln wir ihn mit einem Schraubendreher allmählich hoch. Dabei setzen wir den Schraubendreher mehrfach von verschiedener Seite an, um die Zeigerbuchse nicht zu verkanten. Zum Schutz des Zifferblattes legen wir ein Stückchen Plastik oder harte Pappe unter.

Abb. 127

Wenn wir jetzt noch die Stifte ziehen, mit denen die Zifferblattfüße an der Platine befestigt sind, können wir das Zifferblatt abheben.

Das Bild (Abb. 128) zeigt die Situation am Werk einer französischen Pendule. Das Zifferblatt ist hier über eine zusätzliche Trägerplatine mit der Lünette verbunden.

Abb. 128

Zerlegen des Uhrwerkes

Dem Reinigen eines Uhrwerkes geht fast immer das Zerlegen voraus. Ein komplettes Uhrwerk kann höchstens im Ultraschallbad gereinigt werden, was aber auf jeden Fall den Ausbau des Federhauses voraussetzt, weil die Zugfedern sonst unter der hohen Frequenz erheblich leiden können. Aber nur wenige Uhrwerke sind so aufgebaut, dass sich die Federhäuser entfernen lassen ohne dazu die Platinen auseinander nehmen zu müssen. Wir nehmen als Nichtprofis aber auch die federlosen gewichtsbetriebenen Uhrwerke, die sich natürlich schon im Ultraschallbad reinigen ließen, auseinander, weil wir den außerordentlichen Vorteil, im Zusammenhang mit der Reinigung gleichzeitig auch alle Einzelteile auf ihren Zustand hin untersuchen zu können, nutzen wollen.

Entspannen der Zugfedern

Erinnern Sie sich noch an die in der Einleitung beschriebene Episode, in der „Chronos" akustisch und zerstörerisch das letzte Wort hatte? Dann ist jetzt natürlich klar, dass vor dem weiteren Zerlegen eines Federzugwerkes erst einmal die Zugfedern entspannt werden müssen.

Grundsätzlich kann man zum Entspannen der jeweiligen Feder sowohl das Gehwerk als auch das Schlagwerk ablaufen lassen. In der Reihenfolge käme dann zuerst das Schlagwerk dran, wozu man den Auslösehebel anhebt und arretiert, damit man ihn nicht während der ganzen Prozedur festhalten muss. Dann entfernt man den fast immer mit separater Brücke montierten Anker. Einem gesunden Uhrwerk schadet diese Prozedur nicht, wenn die Lager ausreichend mit Öl versorgt sind. Wir können uns bei dieser Verfahrensweise, je nach Gangdauer des Uhrwerkes auf eine Pause von gut einer halben Stunde einstellen. Auch wenn dann das Räderwerk zum Stillstand gekommen ist, sollten wir uns nicht darauf verlassen, dass die Federn nun absolut entspannt sind. Um eine eventuell noch vorhandene Restspannung zu beseitigen, gehen wir so vor, wie es der Uhrmacher, der sich für das Entspannen der Zugfedern nicht immer eine Kaffeepause einrichten kann, von vornherein tut, nämlich durch Betätigen des Aufzuggesperres.

Abb. 129: Vorsicht beim Entspannen der Zugfeder!

Vor dieser Prozedur vergewissern wir uns, dass der Sperrkegel leicht beweglich und sicher von der Sperrkegelfeder gegen das Sperrrad gedrückt wird und nicht etwa durch Korrosion oder eingeharztes Öl festsitzt. Für Rechtshänder beschrieben geht das so: Während die rechte Hand mit dem Schlüssel das Sperrrad um einen oder zwei Zähne weiter dreht, drückt der linke Daumen den Sperrkegel aus der Zahnung heraus. In dieser Position lässt man das Sperrrad mit dem Schlüssel einige Zähne zurückdrehen und sofort den Sperrkegel in die Zahnung eingreifen. Danach wird der Schlüssel wieder in eine zum Greifen angenehme Position umgesteckt und der ganze Vorgang wiederholt, bis der Schlüssel keinen Widerstand mehr erfährt. Der Bewegungsablauf muss gut koordiniert sein. Verheerend wirkt sich zu frühes Loslassen des Schlüssels aus! Auch das hat mich „Chronos“ in einer ziemlich blutigen Auseinandersetzung spüren lassen. Anstelle eines Schlüssels kann auch ein Handgriff mit entsprechend großem Bohrfutter fest auf den Vierkant gesetzt werden.

Lösen der Werkplatinen

Entspannt können wir nun das Uhrwerk in seine Einzelteile zerlegen. Zuvor machen wir noch ein Foto von allen Seiten, man kann ja nie wissen!

Spätestens jetzt fixieren wir die schon gezogenen Stifte auf einem Blatt Papier mit Tesafilm und notieren dazu ihren Bestimmungsort. Die weitere Demontage setzen wir mit den außen auf den Platinen sitzenden Teilen von Schlagwerk, Zeigerwerk und Aufzuggesperr fort, wobei es sich sehr empfiehlt, die Einzelteile in Baugruppen getrennt abzulegen.

Abb. 130: Zerlegtes Uhrwerk

Wenn sich die Schlossscheibe nicht leicht mit der Hand abheben lässt, setzen wir einen etwas breiteren Schraubendreher unterhalb der Nabe an und hebeln die Schlossscheibe von ihrem Vierkant vorsichtig ab. Die Position der Schlossscheibe auf dem Vierkant ist in aller Regel nicht beliebig. Oft ist sie durch den Sitz des Vorsteckstiftes markiert. Finden wir hier keine Markierung, sollten wir eine solche noch anbringen bevor wir die Schlossscheibe abnehmen.

Vollplatinenwerke sind so aufgebaut, dass die Pfeiler auf der Rückseite vernietet und auf der Zifferblattseite verstiftet sind. Verschraubungen finden wir erst bei Uhrwerken ab etwa dem 20. Jh. Sind die vier Vorsteckstifte gezogen, legen wir das Uhrwerk flach auf den Werktisch und heben die frei gewordene Werkplatine vorsichtig ab.

Abb. 131:
Räderwerk eines
Wiener Regulators

Abb. 132:
Räderwerk einer
französischen Pendule

Die Federhäuser in Abb. 132 sind für das Schlagwerk und das Gehwerk markiert, in obigem Beispiel mit einem Punkt für das Gehwerk bzw. zwei Punkten für das Schlagwerk. Entsprechende Markierungen finden wir dann auch auf den Federhausdeckeln, den Federkernen, und sie sollten schließlich auch auf den Federn sein, worauf wir achten müssen, denn sowohl die Länge als auch die Stärke der Feder kann variieren, um dem Schlagwerk eine etwas höhere Gangreserve als dem Gehwerk zu geben. Dadurch wird z.B. bei Uhren mit Schlossscheibenschlagwerken gewährleistet, dass auch nach der Wiederinbetriebnahme einer abgelaufenen Uhr das Schlagwerk noch synchron zum Gehwerk steht.

Alte Eisenwerke und die hölzernen Werkgestelle der Schwarzwalduhren tragen das Räderwerk zwischen Lagerbändern. Jedes Lagerbandpaar trägt den Radsatz für ein komplettes System Schlagwerk bzw. Gehwerk. In Abb. 133 sind es insgesamt drei solcher Systeme: in der Mitte das Gehwerk, außen je ein Schlagwerk.

Abb. 133

Abb. 134

Je ein Lagerband ist unlösbar, das andere mit Stiften lösbar verbunden. Das erleichtert die spätere Montage und hat den Vorteil, dass man bei Reparaturen nicht das ganze Werk auseinander nehmen muss.

Kontrolle des Federhauses / Entnahme der Zugfeder

Bei Federzugwerken tritt jetzt die Frage auf, ob Feder und Federhaus in den Reinigungsvorgang mit einbezogen werden sollen, denn dazu müssten wir die Federhäuser öffnen und jeweils den Federkern und die Zugfeder herausnehmen. Letzteres ist eine heikle Angelegenheit, die im wahrsten Sinne des Wortes „ins Auge" gehen kann! Wir entscheiden hier je nach dem Zustand der Schmierung der Feder im Federhaus. Dazu hebeln wir den Federhausdeckel mit einem Schraubendreher vorsichtig auf. Ist die Zugfeder lediglich trocken, geben wir oben auf die Windung verteilt ein Tröpfchen Öl und noch eins auf den Boden des Federhauses und drücken den Federhausdeckel wieder bis zum Einrasten ins Federhaus. Das ist mitunter ein wahrer Kraftakt. Der Uhrmacher bedient sich dazu eines Pressstockes; es geht aber auch mit einem präzise geführten Parallelschraubstock mit glatten, sauberen Spannbacken. Auf keinen Fall darf eine weiche Schutzbacke oder Beilage benutzt werden, es bestünde die Gefahr, den Federhausdeckel zu tief einzupressen. (Siehe auch Seite 153, Abb. 137)

Eine klebrig verharzte Feder muss aber gereinigt werden, damit die Windungen widerstandsfrei aufeinander gleiten können. Andernfalls kann die Feder nicht die erforderliche Zugkraft entwickeln, ein nicht seltener Grund für das Versagen von Geh- und Schlagwerken. So muss an dieser Stelle die Entscheidung fallen, ob Sie das Abenteuer wagen wollen, die Feder selbst aus dem Federhaus zu nehmen und – das ist weitaus schwieriger – dann auch dort wieder hinein zu winden! Der Uhrmacher benutzt für diese Arbeiten einen Federwinder. Mit etwas Geschick und kräftigen Händen geht es aber auch ohne dieses Gerät, dessen Anschaffung sich für den Freizeituhrmacher kaum rentiert. Sollten Sie sich für das Selbermachen entschieden haben, will ich Ihnen jetzt beschreiben, wie ich dabei vorgehe:

Mit der linken Hand, die in einem alten Lederhandschuh steckt, halte ich das bereits geöffnete, vom Federkern befreite Federhaus. Mit einer kleinen Flachzange ergreife ich das innere Ende der Feder und ziehe es vorsichtig etwas heraus, so dass auch einige der inneren Windungen gestaffelt sichtbar werden, achte aber darauf, dass sich die so ausgestülpten Windungen noch gegenseitig halten. Mit der rechten Hand bedecke ich nun das Federhaus mit einem alten Küchenhandtuch, fasse durch das Tuch hindurch die ausgestülpte Feder und ziehe sie allmählich weiter aus dem Federhaus heraus, bis sie schließlich aus eigener Kraft auseinanderspringt, was sich anfangs noch etwas mit den Händen steuern lässt. Jetzt hängt die Feder noch am Federhaushaken fest. Schieben wir die Feder nun um einige Millimeter vor, löst sie sich aus dem Federhaushaken und kommt vollends frei.

Wenn sich die beiden Federhäuser zwar wie ein Ei dem anderen Ei gleichen, so sind die Federhausdeckel meist individuell eingepasst, die Durchmesser der Zapfen an den Federkernen können geringfügig differieren, wie auch die Stärke und Länge der Federn oft ihrer jeweils unterschiedlichen Aufgabe im Schlag- und Gehwerk angepasst sind. Um Verwechslungen zu vermeiden, sind diese vier Teile des Federhauses meist markiert, z.B. mit je einem oder zwei Punkten, die wir dann meist auch auf der Werkplatine finden. Sollten diese Markierungen nicht vorhanden sein, müssen wir uns auf jeden Fall genau merken, welche Teile zusammengehören.

Das Reinigen der Einzelteile

Das Reinigungsbad

Vorweg sei gesagt, dass Benzin wegen der hohen Brand- und Explosionsgefahr als Reinigungsmittel auf gar keinen Fall infrage kommt. Wir bedienen uns der im Handel als Konzentrat erhältlichen Reinigungsflüssigkeit, wie wir sie bereits bei der Reinigung vergoldeter Appliken kennen gelernt haben (Seite 111 f.) und setzen die benötigte Menge im Verhältnis 1 Teil Konzentrat + 9 Teile Wasser an. Zur Aufbewahrung eignen sich PET-Flaschen mit dichtem Verschluss. Die Lösung kann mehrere Male benutzt werden, bis sie schließlich noch gut für die Reinigung oder Vorreinigung stark verschmutzter Teile ist. Als Reinigungsgefäße eignen sich PET-Schalen, Dosen und Becher aus dem Verpackungsbereich, von denen man sich einen Vorrat in verschiedener Größe und Form zurücklegen kann.

Der Reinigungsvorgang

Wie lange die Teile in der Lösung verbleiben müssen, hängt vom Grad der Verschmutzung ab. Deshalb beginnt man am besten mit den weniger verschmutzten Teilen. Kleinteile gibt man am besten in ein schließbares Teesieb (Seite 135, Abb. 125), mit dem man sie in der Lösung bewegen kann, wobei sich dann die Schmutzpartikel auf dem Behälterboden absetzen.

Die Reinigungsdauer beträgt etwa 10 Minuten und mehr. Es schadet den Teilen nicht, wenn sie etwas länger in der Lösung bleiben. Sehr wichtig ist allerdings, dass die zu reinigenden Teile immer ganz eintauchen, da sich sonst auf Messing im Kontakt mit Luft ein hässlicher, brauner Belag bildet, der sich nur sehr schwer wieder entfernen lässt.

Wir reinigen die Teile nicht alle auf einmal. Wenn wir mit frischer Reinigungsflüssigkeit starten, beginnen wir mit den weniger verschmutzten Teilen, vermutlich den Zahnrädern. Gleichzeitig können wir in einer zweiten Schale in schon gebrauchter Lösung die Federhäuser, Federkerne und Federn reinigen. Zwischendurch sorgen wir immer einmal für etwas Bewegung im Bad, dass der gelöste Schmutz fortgespült wird und kontrollieren den Fortschritt des Reinigungsprozesses. Meist bleibt es nicht aus, dass wir mechanisch nachhelfen. Das geht am besten mit einem Borstenpinsel mittlerer Härte, mit dem man sehr gut auch in den Grund der Triebe kommt.

Wenn der Borstenpinsel nicht reicht, nehmen wir ein Putzholz, z.B. einen Schaschlikspieß oder einen Zahnstocher. Das Holz darf nicht zu hart sein, um sich der zu reinigenden Kontur anpassen zu können.

Abb. 135:
In das Reinigungsbad mit frischer Lösung kommen die weniger verschmutzen Teile.

Auf diese Art reinigen wir die Teile Stück für Stück. Wenn wir die Teile dabei nicht mit der Hand, sondern mit einer Pinzette anfassen, hält sich die Planscherei in Grenzen. Außerdem vermeiden wir auch bleibende Fingerabdrücke auf den Messingteilen und schonen die Haut unserer Hände.

Das Nachspülen erfolgt zur Vermeidung von Kalkflecken in destilliertem Wasser. Zum anschließenden gründlichen Abtrocknen eignen sich wegen ihrer hohen Saugkraft Zellstofftaschentücher besonders gut. Haben wir auf diese Weise das Wasser auch aus den Trieben herausbekommen, wobei wir eventuell noch mit einem Putzholz nachhelfen, sind die Teile trocken genug.

Doch damit ist der Reinigungsvorgang noch nicht ganz beendet. Es kann nicht ausgeschlossen werden, dass sich in den Lagerbohrungen doch noch Schmutzreste befinden. Deshalb reiben wir alle Lagerbohrungen, auch die der diversen Brücken, mit angespitzten Putzhölzern aus. Das erfordert vor allem bei den feinen Bohrungen sehr viel Fingerspitzengefühl, denn die Spitzen der Zahnstocher brechen leicht ab.

Mit Putzhölzern können wir auch sehr gut die Messinglager der hölzernen Schwarzwalduhrwerke reinigen. Auch hierbei hilft unsere Reinigungslösung, wenn wir sie als Tröpfchen in das Lager geben und dann etwas einwirken lassen. Mit einem kleinen Wattepfropfen oder einem Stück Wollfaden lassen sich die Lager dann sehr schön ausputzen. Natürlich dürfen die hölzernen Teile des Werkgestelles und die holzgespindelten Radwellen auf keinen Fall komplett in die Reinigungslösung gelegt werden, weil sie dabei durch Quellen ihre Maßhaltigkeit verlieren würden. Hier müssen wir uns auf feuchtes Abwischen und mechanisches Reinigen beschränken.

Die Beseitigung von Roststellen

Die Entfernung von Rost geht zweckmäßigerweise der Reinigung voraus. Möglicherweise können wir aber erst jetzt feststellen, dass sich hier und da an bestimmten Eisenteilen Rost angesetzt hat. Diesen zu entfernen ist nicht nur der besseren Optik wegen notwendig, sondern vor allem um den Fortgang der Korrosion zu stoppen.

Es gibt chemische und elektrochemische Verfahren der Rostumwandlung, die für uns mangels Einrichtung und Erfahrung wohl kaum infrage kommen. Wir beschränken uns auf das mechanische Entfernen des Rostes durch Schleifen, Bürsten oder Schaben z.B. mit einem Glasfaserstift und schützen die entrosteten Flächen mit Mikrokristallinwachs oder Vaseline, die wir hauchdünn mit einem Läppchen aufbringen.

Problematisch ist Korrosion an solchen Flächen, deren Maße den Ablauf und die Funktion des Uhrwerkes beeinflussen, wie Zahnflanken an Trieben oder Zapfen an Wellen und Achsen. Eine robuste Entrostung kann die Abmessungen derart verändern, dass schließlich die Funktion und der Ablauf des Räderwerkes beeinträchtigt wird. Hier empfiehlt sich die elektrolytische Entrostung durch eine Fachwerkstatt, erst recht natürlich bei einer wertvollen Uhr.

Polieren und Bläuen von Stahl- und Eisenteilen

Es wird vermutlich aufgefallen sein, dass die spiegelnd polierten und blau angelassenen Stahlteile weniger zu Rostansatz neigen als andere weniger glatte Flächen. Das erklärt sich auch daraus, dass selbst eine feinstgeschliffene Oberfläche mikroskopisch gesehen wesentlich rauer als eine spiegelblank polierte Oberfläche ist und folglich dem Sauerstoff eine größere Angriffsfläche bietet. Solchen Teilen können wir durch Feinstschleifen mit zunehmender Körnung bis 1000 und anschließendem Polieren mit einer Stahlpolitur ihren alten Spiegelglanz wiedergeben.

Ein Kandidat für eine derartige Behandlung könnte z.B. der Anker einer *Graham*-Hemmung oder ein *Clement*'scher Hakenanker sein (vgl. Seite 30 ff.).Hier ist allerdings größte Vorsicht geboten. Auf keinen Fall dürfen wir die Geometrie dieser Teile verändern. Wir sollten uns bei diesen Teilen darauf beschränken, sie gut zu polieren, allenfalls könnte man am Hakenanker mit 1000er Körnung vorarbeiten. Hier kämen unsere Buchenholzstäbchen als Träger für einen schmalen Streifen Schleifpapier und das Polierleder zum Einsatz.

Die verstellbaren Paletten des *Graham*-Ganges sollten wir nur mit etwas Stahlpolitur auf Hochglanz bringen. Sind sie eingelaufen, d.h., das Ankerrad hat auf den Paletten seine Spuren hinterlassen, bringen wir den Anker zum Uhrmacher, der entsprechendes Messzeug und Schleifgerät hat, um die verstellbaren Paletten zu bearbeiten und maßgerecht auszurichten. Wir können jedoch davon ausgehen, dass die Uhr auch mit etwas eingelaufenen Paletten einen zufriedenstellenden Gang machen wird, wenn sie bisher zuverlässig lief.

Nach dem Entrosten ursprünglich gebläuter Teile, wie Einfallhebel oder Hammerwelle, sollten diese Teile auch wieder poliert und gebläut werden. Wir müssen hier nur besonders auf gleichmäßiges Anlassen achten und zu hohe Temperaturen vermeiden, weil sonst der etwas gehärtete Stahl weich würde. Zum Thema Bläuen können wir auf den Seiten 114 ff. nachlesen.

Entrostete Teile, die nicht gebläut werden, wie Wellen, Achsen, Rückstellfedern und dergleichen, haben meist ihre ursprünglich glatte Oberfläche verloren und neigen schon deswegen erneut zu Oxidation, zumal die nur oberflächlich beseitigte Rostschicht sich mit mikroskopisch feinen Oxidnestern im Metallgefüge verewigt hat. Um diese Stellen vor Luftfeuchtigkeit zu schützen, sollten wir sie hauchdünn mit etwas Vaseline abreiben.

Das Zusammensetzen des Uhrwerkes

Bei Federzugwerken beginnen wir natürlich mit dem Federhaus, das jetzt frisch gereinigt in seinen Einzelteilen nach Geh- und Schlagwerksteilen markiert bzw. sortiert vor uns liegt. Falls noch nicht geschehen, hätten wir jetzt auch noch gute Gelegenheit (Hilfethema „Reparatur / Ersatz einer Aufzugfeder", Seite 180 f.), die Lochungen an den Federenden auf Anrisse hin zu kontrollieren und nachzuarbeiten, um nicht unnötig einen alsbaldigen Federbruch zu riskieren. Schließlich wird gerade das äußere Federende bei unserer nicht so ganz fachmännischen Prozedur des Einwindens schon bald enorm strapaziert werden.

Damit die Federwindungen im Betrieb, aber auch beim Einwinden möglichst reibungsarm aufeinander gleiten können, ölen wir die Feder bereits vor dem Einwinden mit einem ölgetränkten Läppchen beidseitig. Dabei genügt ein dünner Ölfilm, denn nach dem Einwinden verteilen wir auf die Windungen noch ein Tröpfchen, das sich dann unter dem Federhausdeckel ausbreitet. Ebenso geben wir ein kleines Tröpfchen auf den Federhausboden.

Das Einwinden der Feder erfordert Geduld und wird wohl kaum beim ersten Versuch gelingen. Es ist nicht notwendig, zuerst das Federende in den Federhaushaken einzuhängen. Es genügt, wenn wir es schaffen, im Federhaus etwas mehr als eine ganze Windung zu formen, in die sich dann die weiteren Windungen hineindrehen lassen, wobei dann das Federende von selbst in den Federhaushaken einrastet. Abb. 136 gibt diese entscheidende Situation wieder.

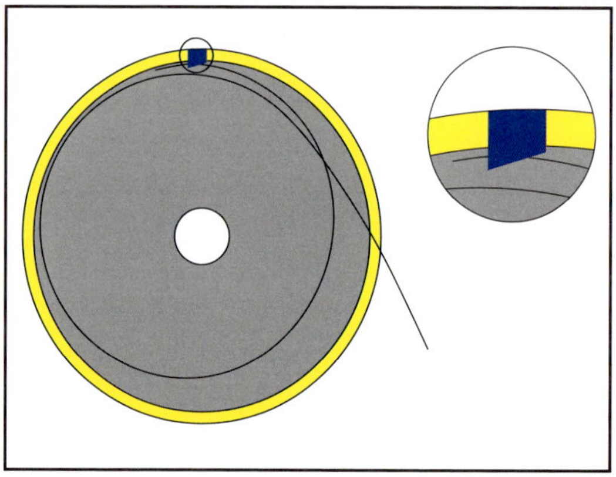

Abb. 136:
Die erste Windung der Zugfeder im Federhaus
(Zahnkranz des Federhauses nicht abgebildet)

Haben wir diese erste Windung geschafft, kommt es jetzt „nur noch" darauf an, das Federhaus mit der linken Hand sicher festzuhalten, während die rechte Hand versucht, die Feder, so weit es geht, noch etwas weiter einzudrehen. Natürlich schützen wir, wie schon bei der Entnahme der Feder, auch jetzt unsere Linke mit einem Lederhandschuh.

Mit jeder weiteren Windung stabilisiert sich der anfänglich noch explosive Zustand, und das Einwinden wird zunehmend leichter. Wenn alle Windungen ineinander greifen, haben wir das Schwierigste geschafft. Vermutlich ragt jetzt das Federpaket noch wie ein Kegelstumpf über den Rand des Federhauses hinaus. Mit einem flachen Metallgegenstand drücken wir die Feder dann noch bis auf den Boden ins Federhaus hinein.

Bevor wir den Federkern einsetzen, geben wir noch das schon erwähnte kleine Tröpfchen Öl oben auf die Feder und auch eins auf den Federhausboden. Das Öl wird sich dann später beim Aufziehen der Feder gleichmäßig verteilen.

Der Federkern muss von etwa der Hälfte der inneren Federwindung umschlungen sein, damit der Nocken sicher in die Feder eingreift. Von diesem sicheren Eingriff vergewissern wir uns noch bei geöffnetem Federhaus, indem wir die Feder mit einem Schlüssel etwa eine halbe Umdrehung anspannen. Mehrfaches kurzes Anspannen und Loslassen festigt dabei den Sitz des Federkerns, da sich das weichgeglühte innere Ende der Feder an den Federkern anschmiegt. Greift der Federkern die Feder nicht sicher, nehmen wir ihn wieder heraus und formen das Federende entsprechend zurecht. Jetzt endlich können wir das Federhaus schließen. Einen sehr stramm sitzenden Federhausdeckel pressen wir, wie auf Seite 147 bereits beschrieben, ein.

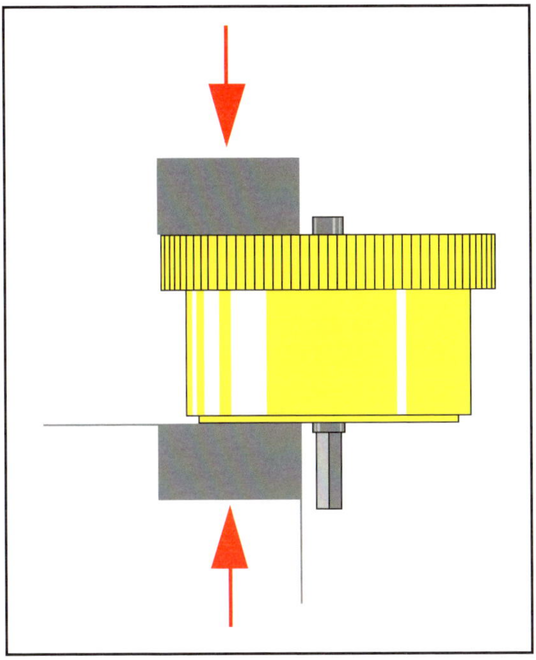

Abb. 137: Einpressen des Federhausdeckels

Nun setzen wir nochmals den Schlüssel auf den Vierkant und wiederholen das mehrfache Anspannen und Loslassen, um uns letztmalig vom Sitz des Federkerns in der Feder zu überzeugen.

Mit Gewichtsuhren haben wir es natürlich einfacher. Hatten wir die Walzen- bzw. Kettenräder zur Reinigung auseinander genommen, geben wir an deren Gesperre und weitere Gleitflächen gewohnt sparsam etwas Öl.

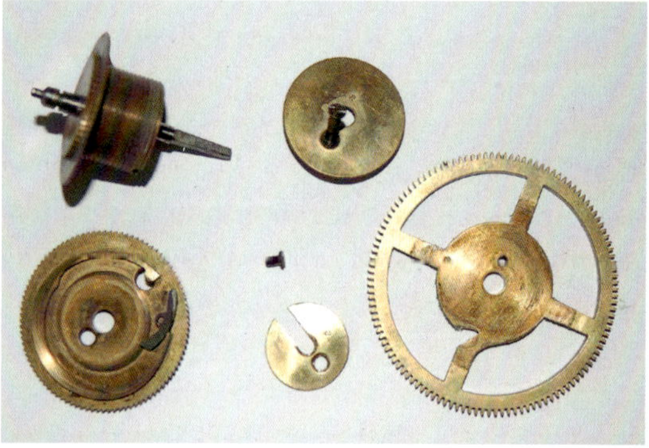

Abb. 138:
Einzelteile des Walzenrades mit Gesperr eines Wiener Regulators

Kettenräder werden natürlich ohne Kette eingesetzt, und bei Seilzügen empfiehlt sich spätestens jetzt die Überprüfung des Zugseiles insbesondere an dessen Befestigungspunkt an der Seilrolle.

Nun gilt es, die zwischen die Platinen gehörenden Uhrwerksteile in die Grundplatine, das ist die, an der die Werkpfeiler festgenietet sind, einzusetzen. Dazu bedienen wir uns mangels professionellen Zusammensetzers einer passenden stabilen Plastikdose, auf der die Platine sicher aufliegt, und die es erlaubt, alle aus der Platine herausragenden Teile sicher durchstecken zu können.

Abb. 139:
Eine stabile Plastikdose als idealer „Zusammensetzer"

Eine Orientierung über die Anordnung der Einzelteile und die Reihenfolge ihrer Montage geben uns notfalls die mit einer Digitalkamera gemachten Bilder, die wir im PC gespeichert haben, doch sollten wir – inzwischen sachkundig genug – den Ehrgeiz haben, das „Puzzle" möglichst ohne Hilfe zu lösen. Sind zuletzt dann noch Auslösehebel und Hammerwelle korrekt gesteckt, können wir die Deckplatine aufsetzen – wiederum eine Arbeit, die uns etwas Geduld abverlangt, bis schließlich alle Zapfen ihre Bohrungen gefunden haben.

Die Platine wird zunächst locker aufgesetzt, so dass sie von den Zapfen der Werkpfeiler eben geführt wird. Dabei rasten meistens schon die Zapfen der Federhäuser ein. Jetzt nehmen wir das Platinenpaket waagerecht und mit leichtem Druck zusammenhaltend in die linke Hand. Mit einer Pinzette bugsieren wir die Zapfen der Reihe nach in ihre Bohrungen. Dabei hilft uns ungemein, dass die Zapfen unterschiedlich lang sind. Der jeweils längste Zapfen muss als nächster in sein Lager, was die Platine bei Erfolg dann mit einem kleinen Ruck quittiert. So verfahren wir weiter, bis alle Zapfen in ihre Lager gefunden haben und die Platine dicht auf den Werkpfeilern aufliegt und wir sie mit Vorsteckstiften sichern können.

Sollte die Platine über aufgesetzte Lager verfügen (Seite 65, Abb. 66/3), nutzen wir natürlich diesen Vorteil und setzen diese Lager erst dann, wenn die Platine richtig aufliegt. Das erleichtert nicht nur den Zusammenbau, es schützt auch die zum Teil sehr bruchempfindlichen Zapfen der dünneren Wellen.

Hin und wieder findet man bei alten Uhren aus der Fläche vorstehende Lagerbuchsen, die den Zweck haben, den nach einem Zapfenbruch neu an die Welle angedrehten Zapfen zu fassen (Abb. 140). Betroffen sind naturgemäß die feinen Zapfen der Triebe vor der Hemmung, dem Windfang oder dem Zahnrad davor, die jetzt bei der Montage erst recht gefährdet sind.

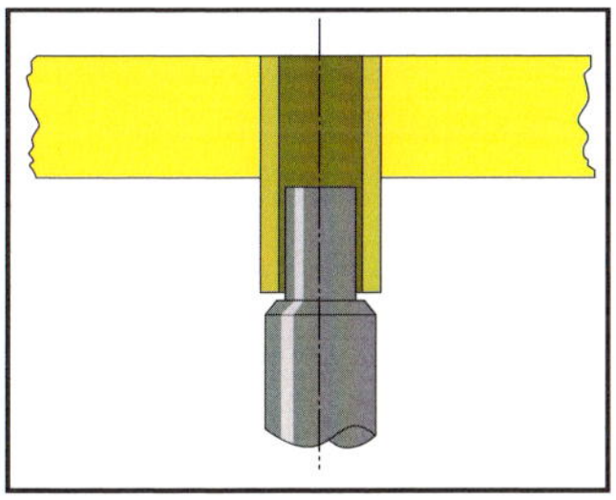

Abb. 140: Lager mit gekürzter Welle

Sitzen die Platinen mit Steckstiften gesichert auf den Werkpfeilern, überprüfen wir, ob Räder und Triebe in Geh- und Schlagwerk einwandfrei miteinander laufen. Vorher ölen wir sorgfältig die mit Zapfen besetzten Lager mit Uhrenöl Nr. 3 bis 5. Wenn alles in Ordnung ist, lässt sich das Räderwerk schon bei der ersten vorsichtigen Anspannung mit etwa einer viertel bis halben Schlüsselumdrehung in Gang setzen, wobei es dann allmählich so viel Schwung aufnimmt, dass es nach der Entspannung noch etwas nachläuft.

Bevor wir das Uhrwerk mit den Aufzugsgesperren, der Kadratur für das Schlagwerk und das Zeigerwerk komplettieren, kontrollieren wir noch die richtige Position der Hammerhebewelle und des großen Anlaufrades. Die Hammerhebewelle sollte sich im Ruhezustand des Schlagwerkes von der Stabfeder ganz in die Position „Hammer unten" gedrückt befinden, wobei der zu hebende Stift nicht auf einem Hebnagel aufliegt. Diese Position wird durch den Begrenzungsstift gesichert, gegen den ein zweiter Stift der Hammerhebewelle anschlägt, sodass während des Schlagens der elastische Hammer bis an den Rand der Glocke oder des Klangstabes schwingen kann (Abb. 141).

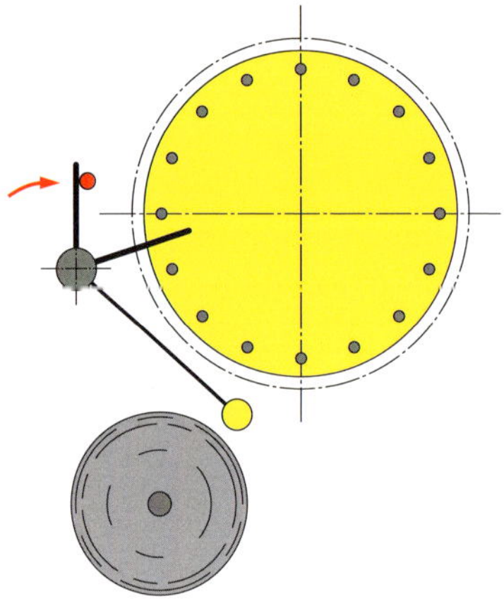

Abb. 141

Ferner sollte das große Anlaufrad im Ruhezustand bzw. nach dem Schlagen so stehen, dass das kleine Anlaufrad beim „Melden" etwa eine halbe Umdrehung vorlaufen kann, bevor es dann gestoppt wird. Die Bilder auf Seite 46 f. zeigen diese Situation. Ist eine Korrektur der Räderstellung nötig, müssen wir die Deckplatine – alle Zugfedern müssen entspannt sein – vorsichtig wieder anheben, sofern die betroffenen Zapfen nicht in eigenen Aufsatzlagern gefasst sind, was dann die Arbeit natürlich sehr vereinfacht.

Bei der Montage der Aufzuggesperre, der Schlagwerksteile und des Zeigerwerkes geben wir an alle Lager und Gleitflächen sparsam etwas Öl, vergessen dabei auch nicht die Minutenwelle, auf der das Minutenrohr zwar mit einem gewissen Reibschluss gleiten können muss, doch ohne Öl kann sich das Minutenrohr dort festfressen. Die kleine Mühe, die wir uns bei der Demontage gemacht haben, alle Vorsteckstifte unter Tesafilm zu verwahren und zu kennzeichnen, zahlt sich jetzt aus. Ist das Uhrwerk bis auf den Anker komplett, können wir beide Systeme – Schlag- und Gehwerk – unter leicht angespannter Zugfeder noch einmal kurz Probe laufen lassen, dabei wird sich das Öl in allen Lagern optimal verteilen. Wenn wir abschließend noch den Anker, dessen Zapfen ebenfalls geölt werden müssen, einsetzen, sollten wir das Werk noch eine gewisse Zeit auf zuverlässigen Gang hin testen. Das Zifferblatt lassen wir auch noch weg, um erforderlichenfalls an die Schlagwerkskadratur heran zu kommen.

Solche Probeläufe dauern oft mehrere Tage, und da kann es recht lästig werden, das Werk für jeden Eingriff aus dem Gehäuse nehmen zu müssen. Schwarzwalduhren und andere rechteckige Uhrwerke lassen sich sehr gut für den Probelauf auf einer Konsole wie in den auf Seite 93, Abb. 108 f. dargestellt positionieren.

Abb. 142

Abb. 143

Abb. 142/143: Probierstuhl aus Sperrholz für runde Pendulenwerke

Der Einbau des Uhrwerkes in das Gehäuse erfordert bei Wanduhren, deren Pendel an der Rückwand im Uhrenkasten befestigt sind, besondere Vorsicht, da einerseits beim Einschieben des Werkes auf dem Werkträger die Pendelgabel nicht die Pendelstange verfehlen darf, andererseits aber der Schlagwerkshammer leicht mit der Pendelstange oder sogar mit der empfindlichen Pendelfeder in Kollision geraten kann.

Ein rundes Pendulenwerk sollte man zunächst nur so fest anziehen (vgl. Seite 68), dass man es notfalls am späteren Standort (Hilfethema: Korrekturen am Ankereingriff, Seite 162) noch nachjustieren kann.

Anmerkungen zu Uhrwerken mit Schnecke und Kette

Entspannen der Zugfeder

Die Entspannung der Feder bei Uhrwerken mit Schnecke und Kette kann insofern etwas problematisch sein, als deren Gesperre meist keine Rückstellfeder für den Sperrkegel haben (Seite 67, Abb. 70). Im Prinzip würde man wie bei einem normalen Federhaus vorgehen, nur muss man mit der Hand jeweils den Sperrkegel in die Zahnung des Sperrkegelrades drücken. Ich verzichte allerdings bei Uhrwerken mit Schnecke und Kette, egal ob Spindel- oder Ankergang, auf diese Manipulation und lasse das Uhrwerk bei ausgebauter Spindel bzw. ausgebautem Anker ablaufen. Das schadet dem Uhrwerk nicht, wenn die Lager geölt sind.

Ist das Gehwerk abgelaufen, steht die Feder aber immer noch unter einer Vorspannung, mit der neben einem Regulierungseffekt vor allem dafür gesorgt ist, dass die Kette bei abgelaufenem Uhrwerk nicht vom Federhaus rutschen kann. Diese Restentspannung wird dann wie oben beschrieben mit großer Vorsicht(!) am Gesperr vorgenommen.

Frühe Spindeluhrwerke haben unter dem Federhaus eine Wurmschraube (Seite 130, Abb. 123), mit der sich der Federkern zum Entspannen der Feder und zum Einstellen der den Gang beeinflussenden Vorspannung mit einem Schlüssel drehen lässt, was diese Arbeit natürlich erheblich vereinfacht.

Reinigen und Ölen der Kette

Die abgenommene Kette wird nach Jahrzehnten, in denen man ihr keinen Tropfen Öl zukommen ließ, vor allem im Bereich ihrer letzten Glieder ungelenkig geworden sein und mit einer gewissen Hartnäckigkeit die Form des Federhauses und der Schnecke wiedergeben. Eine solche Kette wird wieder flexibler, wenn man ihr ein Bad in Petroleum gönnt. Beim Hantieren mit der Kette, wie bei dem Versuch, einzelne noch immer unbewegliche Glieder manuell gängig zu bekommen, müssen wir auf jeden Fall vermeiden, sie quer zur Aufwickelrichtung zu belasten, da die Vernietungen vor allem bei schon strapazierten Ketten leicht aufgehen können.

Zur Reinigung legen wir die Kette in unsere Reinigungslösung, die wir hin und wieder in Bewegung bringen. Ideal ist für solche Reinigungsfälle – von Ultraschall einmal abgesehen – der gute alte Erlenmeyerkolben, mit dem die Reinigungslösung gut in Schwung gebracht werden kann. Zum Nachspülen nehmen wir destilliertes Wasser oder, wenn das Trocknen schneller gehen soll, Spiritus oder Isopropylalkohol. Bevor die Kette geölt wird, nehmen wir sie gründlich Glied für Glied im wahrsten Sinne des Wortes unter die Lupe, besonders die stark belasteten Endhaken. Ein durch den Riss der Kette ausgelöster Rückschlag im Getriebe und das in das Räderwerk geschleuderte Ende der gerissenen Kette können Zahnkränze, Wellen und Zapfen beschädigen.

Die gereinigte und gut getrocknete Kette wird mit Uhrenöl Nr. 5 geölt, wobei man mit dem Öl durchaus etwas großzügiger umgehen darf als wir uns grundsätzlich auferlegt hatten. Nach einer Einwirkzeit von einigen Minuten, in der wir die Kette tüchtig in Bewegung halten, befreien wir sie sorgfältig mit einem fuselfreien Lappen von überschüssigem Öl, um die Schnecke und das Federhaus sauber zu halten.

Reinigen und Ölen der Schnecke

Wie die Schnecke zur Reinigung auseinander genommen wird, ergibt sich aus Abb. 144 und Abb. 145. Genau so wichtig wie die Kontrolle der Kette ist auch die Sichtkontrolle von Sperrrad, Sperrkegel und Sperrkegelfeder auf Abnutzung und Beschädigungen, denn ein plötzliches Entspannen hätte die gleichen katastrophalen Auswirkungen wie der Riss einer Kette.

Abb. 144:
Schneckenrad eines englischen Pendeluhrwerks mit Ankergang

a) Aufzugsvierkant
b) Schneckenschnauze (Überdrehsicherung)

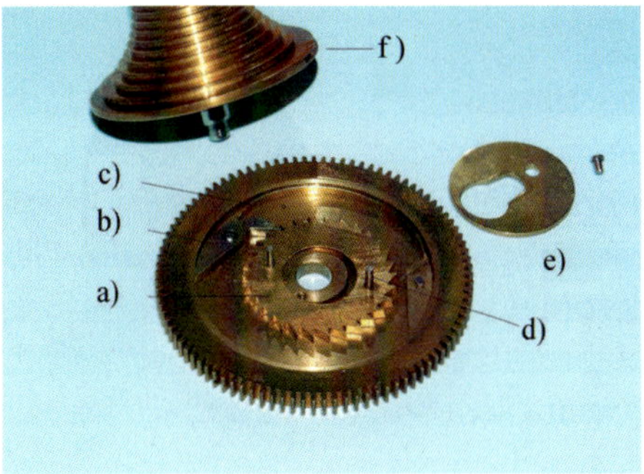

Abb. 145:
Offengelegtes Schneckengesperr

a) Gesperr-Rad
b) Sperrkegel
c) Sperrkegelfeder
d) Pass-Stift zur Schnecke
e) Sicherungsscheibe
f) Stift zum Einhaken der Kette

Vor dem Zusammenbau bekommen Sperrkegel, das Sperrrad auf der Gleitfläche und der im Zahnrad laufende Zapfen einen kleinen Tropfen Öl.

Zusammensetzen eines Uhrwerkes mit Schnecke und Kette

Das Zusammensetzen eines solchen Uhrwerks geschieht wie gewohnt, jedoch ohne die Kette. War die erste Rundlaufprobe, zu der wir das Räderwerk mit der Hand vom Schneckenrad aus in Bewegung brachten, erfolgreich, setzen wir je nach Hemmung die Spindel oder den Anker ein, damit das Räderwerk für die folgende Prozedur arretiert ist. Dann drehen wir mit dem Schlüssel die Schnecke in eine Position, in der sich der Kettenhaken später gut in die Schnecke einführen lässt. Das Federhaus ist zunächst noch nicht gesperrt und kann sich frei zwischen den Platinen drehen, der Sperrkegel sollte aber schon montiert sein.

Bevor wir uns daran machen die Kette einzuziehen, schauen wir uns einmal in nachfolgender Abbildung an, wie das Ergebnis aussehen soll:

Abb. 146:

Das Foto zeigt die Situation bei fast vollständig aufgezogener Feder. Mit der letzten Windung hat die Kette den „Vorfall" schon so hoch angehoben, dass die Schneckenschnauze bei weiterem Aufziehen gegen ihn stößt. Die Schnecke ist dann blockiert, der Schüssel kann nicht weiter gedreht werden und die Feder ist bestens gegen Überdrehen gesichert.

Die Vorfallfeder hat die Aufgabe, den Vorfall leicht an die Kette gedrückt zu halten, damit er die Schnecke nicht zu früh blockiert.

Nun zur Montage der Kette, die jetzt ausgestreckt vor uns liegt. Wir beachten die Unterschiede der beiden Endhaken. Der Haken zum Federhaus liegt an dessen Rundung fest an, während sich der Haken zur Schnecke dort um den Haltestift drehen kann.

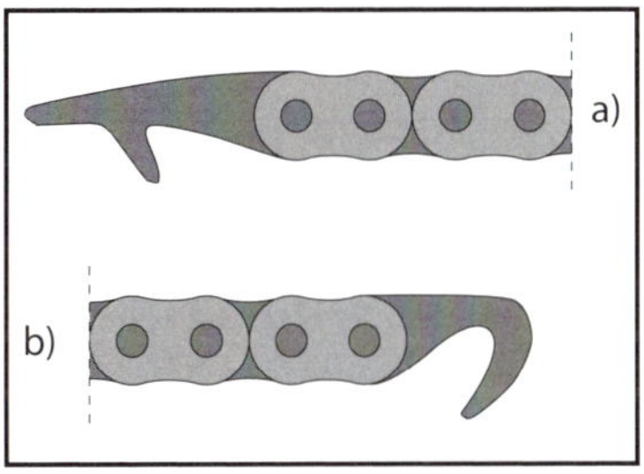

Abb. 147: Endhaken an einer Kette im Antriebssystem „Schnecke-Kette"

a) Haken zum Federhaus
b) Haken zur Schnecke

Dem Verlauf der Kette vom Federhaus zur Schnecke entsprechend sind die Haken entweder zur gleichen Seite oder entgegengesetzt gerichtet.

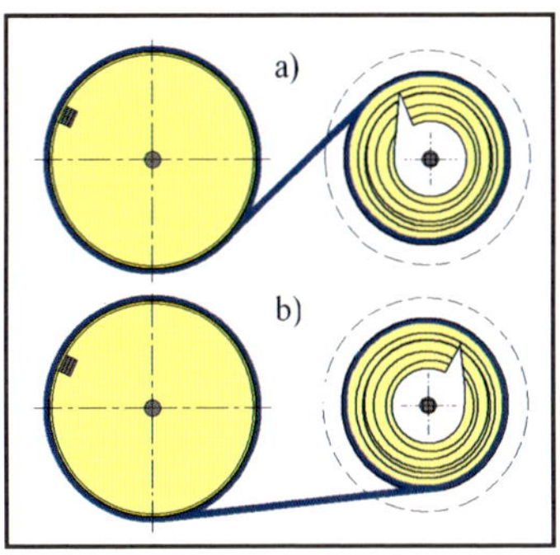

Abb. 148

a) Federhaus und Schneckenrad drehen sich entgegengesetzt (Haken entgegengesetzt)

b) Federhaus und Schneckenrad sind gleichlaufend (Haken gleichgerichtet)

Als Erstes haken wir die senkrecht hängende Kette ins Federhaus ein und wickeln sie dort das Federhaus drehend auf, wobei wir mit dem Daumen der linken Hand die enstehenden Windungen am Federhaus festhalten und so gut es geht gleichmäßig verteilen. Ist die Kette voll aufgewickelt, haken wir ihr freies Ende an der Schnecke ein und bringen sie mit dem Federhausgesperr sofort leicht unter Spannung. Sie kann jetzt nicht mehr vom Federhaus abrutschen und lässt sich dem Verlauf der Schneckenwindung entsprechend noch etwas ausrichten.

Während des ersten Aufziehens müssen wir sehr gut kontrollieren und ggf. an der Kette nachhelfen, dass diese möglichst senkrecht zur Achse der Schnecke steht und nicht etwa eine Windung überspringt oder sich doppelt auf eine Windung legt. Haben wir die Kette erfolgreich bis zum Anschlag der Schneckenschnauze an den Vorfall aufgezogen, wird sie sich bei jedem dann folgenden Ablaufen des Uhrwerkes optimal und stets gleich auf dem Umfang des Federhauses verteilen.

Korrekturen am Ankereingriff

Mit diesem Thema greifen wir eine der häufigsten Ursachen für das Versagen von Pendeluhren auf. Der korrekte Ankereingriff hängt, vom Zustand des Ankers und seiner Paletten abgesehen, von der Tiefe seines Eingriffes und seiner Neigung zur Pendelführung bzw. zur Pendelstange ab.

Die Eingrifftiefe des Ankers ist durch den Achsabstand der Ankerwelle zur Welle des Ankerrades bestimmt und kann über das exzentrische Lager der Ankerwelle eingestellt werden, sofern dies vorgesehen ist. Die ideale Eingrifftiefe liegt in sehr engen Grenzen zwischen dem einen Extrem, bei dem das Ankerrad unter dem Anker hindurchrutschen kann und dem anderen, bei welchem der Anker das Ankerrad nicht mehr frei gibt. Wir können davon ausgehen, dass dieser optimale Achsabstand in aller Regel gegeben ist und sollten ihn ohne entsprechende Erfahrung tunlichst nicht verändern.

Ein lohnendes Betätigungsfeld hingegen bieten die Störungen, deren Ursache im falschen Neigungswinkel des Ankers zum Pendel liegt. Dieser Fehler ist leicht am ungleichen Takt akustisch auszumachen. Seine Beseitigung erfordert ein gutes Gehör, Fingerspitzengefühl und manchmal auch etwas Geduld. Außerdem ist zu klären, was zu der Abweichung vom richtigen Neigungswinkels geführt hat.

Die schöne alte englische Pendule eines Freundes, von uns liebevoll als „der Englische Patient" bezeichnet, ist einer dieser vielen Fälle. Ihr Anker ist an eine leicht reibschlüssig auf die Ankerwelle aufgepresste Messingbuchse angeschraubt (Abb. 149), damit die Ankerneigung zur Pendelachse im Bedarfsfall korrigiert werden kann. Nun hat sich dieser Reibschluss im Laufe der Jahre etwas gelöst, was zur Folge hat, dass sich der Anker ganz allmählich auf der Ankerwelle dreht, bis schließlich die Hebefläche einer der beiden Ankerpaletten zu tief in das Ankerrad

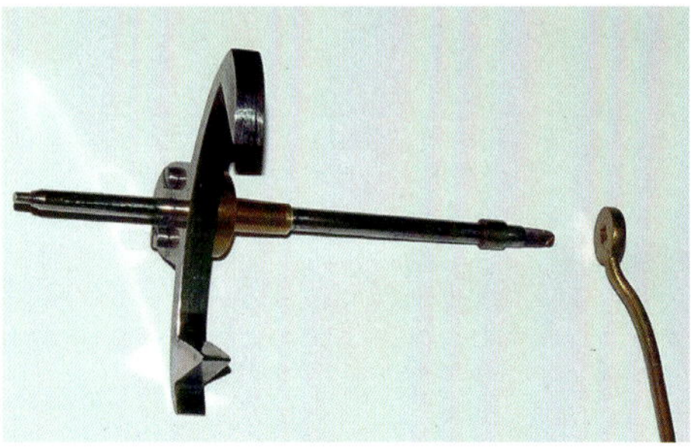

Abb. 149: Auf der Welle drehbarer Anker

eingreift und bei der gegebenen Schwingungsweite des Pendels nicht mehr aus dem Kopfkreis des Gangrades herauskommt, sodass die Hemmung das Räderwerk blockiert. Die Abb. 150 a zeigt schematisch diese Situation, die auch dann entstehen kann, wenn anstelle des Ankers die Pendelführung mittels Rutschkupplung (Abb. 151) an der Ankerwelle befestigt ist. Eine unsanfte Pendelbewegung beim Transport reicht jetzt aus, die Uhr gangunfähig zu machen. „Unsere Uhr ging bisher immer zuverlässig, aber seit unserem Umzug läuft sie nur, wenn sie schräg an der Wand hängt!" So ähnlich hören sich diese oft vorkommenden Schadensmeldungen an. Man könnte nun die Uhr tatsächlich so schräg hängen oder stellen (Abb. 150 c), bis der Anker ungefähr wieder in die richtige Lage zum Steigrad kommt, was wir natürlich nur akzeptieren und tun, um herauszufinden, wie der Idealzustand (Abb. 150 b) wiederhergestellt werden kann.

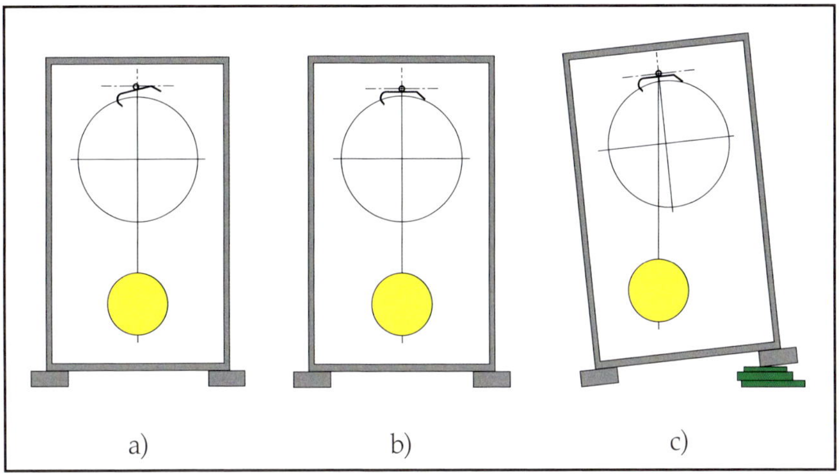

Abb. 150: Schematische Darstellung der Neigung des Ankers zur Pendelstange und Wirkung auf den Ankereingriff

- a) Fehlstellung, die linke Hebefläche des Ankers greift zu tief
- b) Korrekte Stellung
- c) Annäherung an die korrekte Stellung des Ankers zum Gangrad durch Schrägstellung der Uhr

Die Beseitigung der Ankerfehlstellung im zuvor beschriebenen Beispiel ist denkbar einfach. Durch Schrägstellung der Uhr suchen wir die Position, bei der sie nicht mehr „hinkt", also hörbar in gleichmäßigem Takt zu beiden Seiten hin ausschlägt. Entgegen dieser Richtung muss jetzt der Anker auf der Ankerwelle gedreht werden. Wenn man mit zwei Fingern den Anker ertasten kann, lässt sich diese Operation durchführen, ohne das Werk ausbauen zu müssen. Die nebenstehende Abbildung zeigt eine Ankerwelle mit starrem Anker, aber beweglicher Pendelgabel, die diesen Eingriff sehr erleichtert.

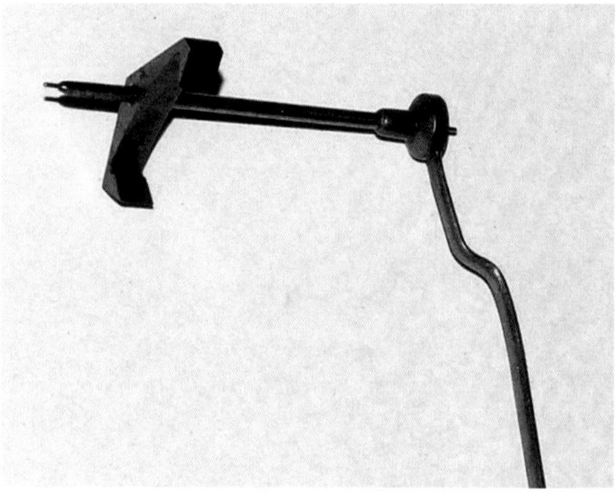

Abb. 151: Starrer Anker, aber drehbare Pendelführung

Mit Rücksicht auf die Paletten des Ankers, das Gangrad und die Zapfen der Ankerwelle müssen wir sehr behutsam vorgehen. Lassen sich weder Pendelgabel noch Anker auf diese Art und Weise mit wenig Kraft von Hand auf der Ankerwelle drehen, müssen wir das Werk und eventuell den Anker ausbauen, um die Welle sicher einspannen, zumindest aber mit einer Zange festhalten zu können.

Die Ursache für den aus dem Takt geratenen Gang kann aber auch in Veränderungen am Pendel zu finden sein. So kann die Pendelstange in sich verbogen sein, die Pendellinse nicht genau mittig auf der Pendelstange sitzen oder ihr Schwerpunkt ist aus der Mitte geraten, weil vielleicht der Ballast, den wir als Granulat (vgl. Seite 123, Abb. 120) in die Ballastkammer gefüllt haben, verrutscht ist. Es kann durchaus passieren, dass eine Uhr deswegen nicht läuft, weil das leicht asymmetrische Pendel seitenverkehrt eingehängt wurde. Das zeigt uns aber auch, dass wir einen gleichmäßigen Takt auch durch entsprechendes Verbiegen der Pendelstange, oder besser noch der Pendelführung erreichen können. Schon früher haben wir eine verstellbare Pendelführung (Seite 43, Abb. 39) kennen gelernt, mit der sich die Korrektur des Ankereingriffes sehr sicher und genau durchführen lässt.

Wenn wir genötigt sind, die Korrektur durch Biegen der Pendelstange oder der Pendelführung vorzunehmen, achten wir darauf, dass die Pendelmitte in der Mitte der Ankerwelle bleibt und der Schlitz in der Pendelgabel genau senkrecht zur Werkplatte steht, weil hier sonst ein Energieverlust durch Reibung entstehen würde.

Wie bereits angedeutet, fordert das Abgleichen der richtigen Ankerposition oft etwas Geduld. Mit einigen Versuchen wird sich aber der Erfolg einstellen, und mit zunehmender Erfahrung werden Sie sicherer und können noch manche Uhr, die wegen dieser Kleinigkeit möglicherweise als defekt abgstempelt würde, wieder in Gang setzen.

Richten und Ersetzen von Stiften

Mittlerweile sind wir einer Vielzahl von Stiften unterschiedlichster Funktionen begegnet. Konische Vorsteckstifte halten das Werkgestell zusammen, fixieren die Zeiger auf der Zeigerwelle und so manches andere Teil am Uhrwerk. Passstifte legen den exakten Sitz eines Bauteiles fest, z.B. den einer Lagerbrücke. Stifte übertragen Kräfte und Bewegungen, wie die Auslösenocken am Minutenrohr, die Stifte am Hebnägelrad oder in den sogenannten Laternentrieben, wo sie die Funktion von Getriebezähnen übernehmen.

Der Ersatz des Stoppstiftes am großen Anlaufrad

Wenn Sie über die tabellarische Fehleranalyse auf dieses Hilfethema gestoßen sind, dann interessiert Sie sicherlich vorrangig, wie man einen Stift ersetzt, der so eine Funktion im Uhrwerk hat, wie z.B. der Stift am großen Anlaufrad. Fehlt dieser oder ist er so verbogen, dass der Einfallhebel das große Anlaufrad nicht stoppen kann, wird die Uhr nach dem Auslösen des Schlages „endlos“ weiter schlagen. Nehmen wir diesen Fall „Stoppstift am großen Anlaufrad“ als Beispiel für unsere Überlegungen, die sich dann auf viele ähnliche Situationen übertragen lassen.

Wir werden mit Rücksicht auf die Zapfen der Anlaufradwelle auf keinen Fall versuchen, diesen Stoppstift im Uhrwerk zu richten. Die Gefahr, dabei einen Zapfen der Anlaufradwelle abzubrechen, wäre zu groß. Zum Biegen fassen wir den Stift, wenn möglich, nicht mit der Zange, sondern besser und sicherer mit einem Stiftenklöbchen, das uns dann auch noch in Verlängerung des Stiftes deutlich die Biegerichtung zeigt. Der Stift sollte nur so fest eingespannt sein, dass er aus dem Spannfutter herausgleiten kann, falls während des Biegens eine Zugbelastung auftritt. Das Biegen selbst muss äußerst behutsam, das heißt sehr langsam vorgenommen werden.

Einen abgebrochenen Stift müssen wir durch einen neuen Stift ersetzen. Da wir wohl kaum einen passenden Stift finden werden, müssen wir ihn aus einem Rundstahl selber herstellen, was dank unserer hochtourigen Feinbohrmaschine aber relativ einfach ist. Als Stahl verwenden wir hartes Rundmaterial, das sich aber noch gut feilen lässt. Ideal ist „Tamponstahl", der im Fachhandel für den Ersatz abgebrochener Wellenzapfen als Rundmaterial in verschiedenen Durchmessern angeboten wird. Er ist hart, aber nicht spröde und noch gut zerspanbar.

Abb. 152: Die Feinbohrmaschine als Drehmaschine im Einsatz

Brauchbaren Stahl finden wir auch in Fragmenten alter Uhrwerke, von denen sich im Laufe der Zeit sicher einige ansammeln werden. Auch die gebläuten Stahlnägel kommen als Vormaterial infrage, müssen jedoch intensiv weichgeglüht werden, um sie mit der Feile bearbeiten zu können.

Das Drehen mit der Feile lässt sich schnell erlernen und erschließt noch ungeahnte Möglichkeiten der Formgebung an Kleinstteilen.

Je nach Fortschritt des Materialabtrages wählen wir bis hin zur Nadelfeile zunehmend feinere Feilen, die wir zur Vermeidung von tiefen Riefen nicht zu fest und immer in leichter Bewegung gegen die Bearbeitungsfläche halten. Die abschließende Glättung geschieht mit Schleifpapier (600er/1000er Körnung) und bei Zapfen von Wellen noch zusätzlich durch Polieren.

Der Durchmesser des für unseren exemplarischen Fall vorgesehenen Stifts muss einen Hauch größer sein als die Bohrung im Zahnrad, damit er dort im Press-Sitz festen Halt findet. Um ihn in die Bohrung einführen zu können, erhält er einen leicht konischen Ansatz, der später abgetrennt wird.

Den weiteren Arbeitsablauf beim Ersatz des abgebrochenen Stiftes erklärt Abb. 153 auf der nächsten Seite:

Die linke Bildhälfte zeigt, wie der im Zahnrad verbliebene Rest des abgebrochenen Stiftes ausgetrieben wird. Als Austreiber eignen sich übrigens sehr gut abgebrochene Bohrer, die an der Bruchstelle plan geschliffen werden. Wichtig ist die plane Auflage auf einem Nietamboss, der die Energie der vorsichtigen Hammerschläge aufnimmt, damit sich das Zahnrad nicht verformt.

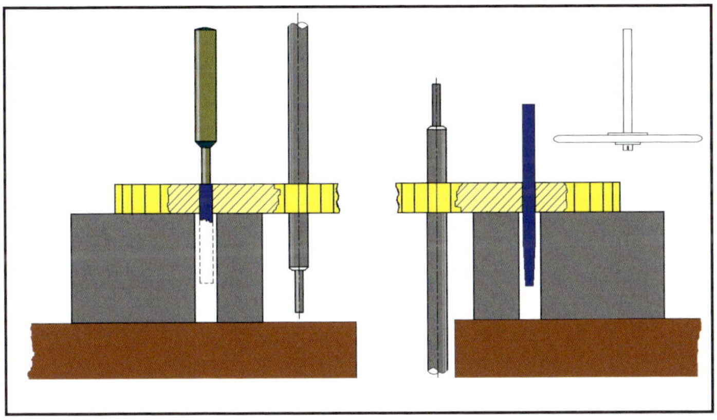

Abb. 153: Arbeitsablauf beim Ersatz eines abgebrochenen Stiftes

Der Nietamboss ist ein aus härterem Stahl gefertigtes Klötzchen mit plangeschliffenen Flächen und Bohrungen verschiedener Durchmesser ab etwa 0,5 mm. Der Fachhandel bietet verschiedene Versionen an, die so preiswert sind, dass sich eine Selbstanfertigung nicht lohnt, zumal das Bohren der kleineren Bohrungen nicht problemlos ist und sicherlich die Produktion von Austreibern in ungewolltem Maße fördert.

In der rechten Bildhälfte ist dargestellt, dass ein neuer Stift in die Bohrung des Zahnrades eingetrieben wurde. Sitzt der Stift fest, wird er mit der Minitrennscheibe oben auf richtige Länge gekürzt, an der Unterseite kurz abgetrennt und schließlich mit der Feile bis auf das Zahnrad plan beigefeilt.

Abb. 154: Nietbänkchen/Nietamboss

Die Reparatur eines Laternentriebes

Im Laternen- oder Hohltrieb übernehmen Stahlstifte die Funktion der Zähne eines Volltriebes. Da Hohltriebe einfacher herzustellen sind, finden wir sie in den Uhrwerken der Massenproduktion, aber auch in frühen Schwarzwalduhren. Im Gegensatz zu stählernen Volltrieben können wir Hohltriebe reparieren, was natürlich von Vorteil für uns ist.

Abb. 155: Laternentrieb treibt die Schloss-Scheibe in einem Schwarzwalduhrwerk an.

Der Aufbau des Laternentriebes lässt mehrere Möglichkeiten zu, einen oder mehrere Stahlstifte auszutauschen. Wollen wir professionell vorgehen, bohren wir an der betreffenden Stelle die den Stift im oberen Ring haltende Punzierung auf, um den defekten Stift gegen einen neuen gehärteten Stahlstift (Tamponstahl) austauschen zu können. Das Problem bei dieser Methode besteht allerdings darin, die Bohrung wieder durch Punzieren zu schließen ohne das Trieb zu beschädigen, was ohne eine dem Trieb angepasste Auflage nicht gelingen wird.

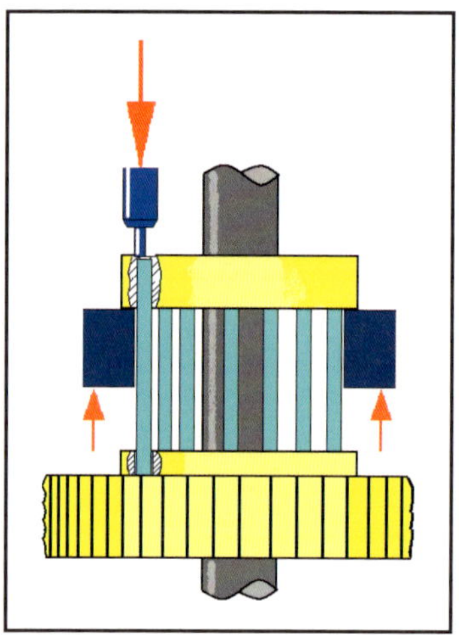

Abb. 156 : Zupunzen der Bohrung nach Ersatz eines beschädigten Stiftes

Eine andere Reparaturmöglichkeit besteht darin, die obere Scheibe vorsichtig mit einer griffigen Flachzange hochzuziehen, bis sich die beschädigten Stifte herausnehmen lassen. Mit der tangential angesetzten Zange drehen wir dabei das Oberteil unter Zug vorsichtig hin und her, stets darauf achtend, dass die Stifte am Ende der Bewegung möglichst wieder über den unteren Bohrungen stehen. Die Scheibe sitzt sehr stramm auf der Welle, und es bedarf schon einer gewissen Kraftanstrengung sie zu bewegen. Der alte Lederhandschuh kann dabei wieder nützlich sein, um die das Zahnrad festhaltende Hand zu schützen. Die Stifte stecken in der Scheibe gerade so fest, dass man sie gut mit einer Pinzette entfernen kann.

Abb. 157: Zahnrad mit Hohltrieb, obere Scheibe zum Einsetzen eines Stiftes hochgezogen

Nachdem der neue Stift eingesetzt ist, wird die obere Scheibe wieder mit der Zange nach unten gedrückt. Der Nachteil dieser sonst sehr praktischen Methode könnte darin bestehen, dass die obere Scheibe nicht mehr ganz so stramm wie zuvor auf der Welle sitzt. Mit einem Stift durch den Bund an der oberen Scheibe könnte man diese nötigenfalls gegen Verdrehen sichern.

Ersatz der Pendelfeder

Auch der Ersatz einer defekten Pendelfeder ist eine Arbeit, die gut in das Repertoire des Freizeithorologen passt. Zwar werden wir, da Pendelfedern in den gebräuchlichsten Formen für einige Euro zu erhalten sind, gar nicht den Versuch unternehmen, eine gerissene Pendelfeder zu reparieren, es sei denn, es handelt sich um eine Sonderform, für die wir uns dann doch die Mühe einer Sonderanfertigung machen müssen.

Der Versuch, eine verbogene Pendelfeder zu richten, führt selten zu einem befriedigenden Ergebnis. Meist ist die Pendelfeder weit über ihre Elastizität hinaus plastisch verformt und kann kaum mehr in ihre Idealform zurückverformt werden. Ein an dieser Pendelfeder hängendes Pendel wird kaum ohne die für eine solche Verformung typischen Schlingerbewegungen schwingen. Dennoch schadet ein Versuch nicht, denn manchmal hat man ja auch tatsächlich Glück.

Bei der Beschaffung einer neuen Pendelfeder achten wir auf Typ, Länge und Dicke der Blattfeder, denn schließlich ist die Pendelfeder physikalisch gesehen ein Teil des Pendels und bestimmt so dessen wirksame Länge mit. Genauer genommen ist der Anteil der Pendelfeder an der gesamten Pendellänge gleich dem Abstand zwischen der Unterkante des oberen Messingbeschlages und dem Tragestift. Noch etwas genauer genommen beeinflusst auch die Dicke der Blattfeder die wirksame Pendellänge, da sie die Lage des in ihr liegenden Pendeldrehpunktes bestimmt.

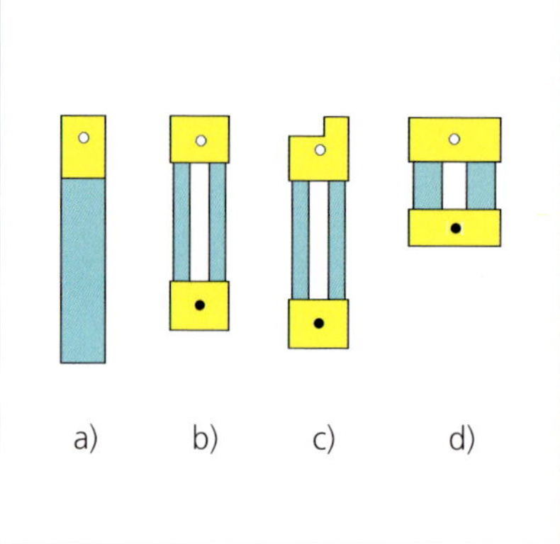

a) Pendelfeder in Überlänge für lange und schwere Pendel, auf benötigte Länge zu kürzen und mit der Pendelstange zu verbinden
b) Pendelfeder für Pendulen und Regulatoren
c) Pendelfeder für *Brocot*-Pendelaufhängung
d) Pendelaufhängung für Wand und Bodenstanduhren

Abb. 158: Pendelfedern

Die Anfertigung einer speziellen Pendelfeder

Oft kommen wir bei antiken Uhren mit einer handelsüblichen Pendelfeder nicht zurecht, weil sie nicht in die Aufhängung passt. Dann führt kein Weg an einer Reparatur oder gar Neuanfertigung vorbei, was jedoch eine durchaus lösbare Aufgabe ist, wenn wir einigermaßen mit Metallsäge, Feile und Bohrern umgehen können. Deshalb sei hier stellvertretend für diverse Sonderformen am Beispiel der Pendelaufhängung in einer Bergischen Bodenstanduhr ein möglicher Weg für die Neuanfertigung einer solch speziellen Pendelfeder beschrieben.

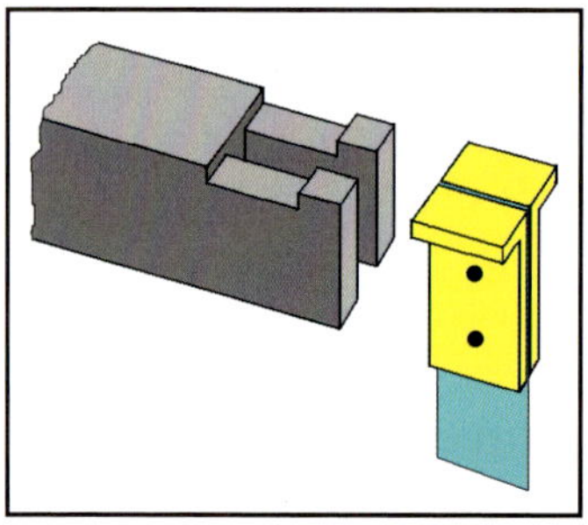

Abb. 159: Schema der Pendelaufhängung an einer Bergischen Bodenstanduhr

Die Hauptschwierigkeit wird darin bestehen, einen hinreichend dünnen Federstahl zu bekommen, wie er vor Jahren noch im Handel zum Selbstzuschneiden erhältlich war. Ersatzweise kaufen wir eine Pendelfeder Typ a in Überlänge (Seite 170, Abb. 158) und verwenden den dort als Oberteil gedachten Beschlag als Unterteil. Dazu brauchen wir nur einen Tragstift aus Messing in die schon vorhandene Bohrung zu treiben, den wir der Breite des Pendelhakens entsprechend kürzen.

Mehr zu tun gibt es da schon bei der Komplettierung des künftigen Oberteils. Die beiden L-förmigen Messingschenkel lassen sich aus Winkelprofil (Modellbau/Baumarkt) oder aus einem schmalen Streifen Messingblech, der im Schraubstock mit dem Hammer scharf abgekantet wird, zurechtfeilen. Nun müssen die Bohrungen für die Vernietung in die Blattfeder und die beiden Messingteile gebracht werden. Das geht am schwierigsten bei der Blattfeder, denn ein Spiralbohrer greift nicht in den gehärteten Stahl ein. So schleifen wir die Bohrung mit einem konischen Diamantfräser bis 1,5 mm und bohren danach, die gelochte Blattfeder als Schablone nutzend, die Löcher gleichzeitig in beide Messingwinkel.

Abb. 160: „Bohren" mit dem Diamantfräser

Das Zusammenfügen der drei Teile geschieht durch Vernieten (Abb. 161). Dazu werden leicht konische Messingstifte in die angesenkten Bohrungen getrieben. Die überstehenden Enden werden nur so kurz abgekniffen, dass noch genügend Material zum anschließenden Vernieten stehen bleibt. Danach wird alles mit der Feile versäubert und endgültig in die Aufhängung eingepasst.

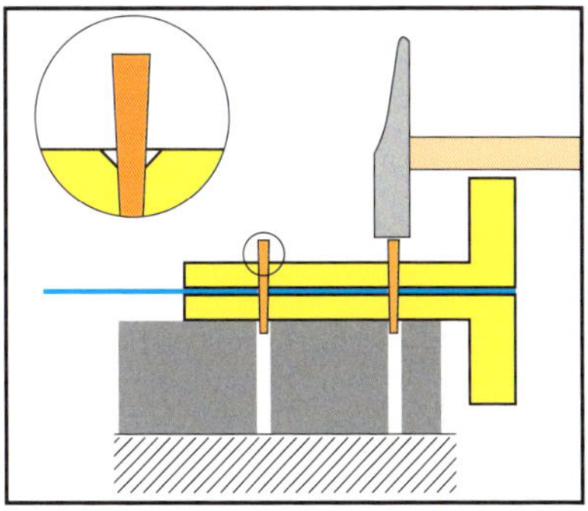

Abb. 161

Blockaden im Uhrwerk

Mit „Blockade im Uhrwerk" ist gemeint, dass ein aufgezogenes Uhrwerk auch bei entfernter Hemmung nicht von selbst ablaufen kann. Dafür kommen verschiedene Ursachen in Betracht:

Einer vom Zeigerwerk verursachten Blockade hatten wir nach dem Diagnoseschlüssel (Seite 137) ein separates Thema zugewiesen. Auch sollten wir an die Möglichkeit denken, dass ein Fremdkörper in das Uhrwerk gelangt ist, z.B. bei unsachgemäßem Transport.

Nicht selten kommt es vor, dass die Windungen der Feder in voll aufgezogenem Zustand mangels Gleitfägkeit bzw. fehlender Schmierung nicht mehr aufeinander gleiten können, wodurch dem Federhaus die Antriebskraft genommen ist. Das lässt sich überprüfen, indem man die Hemmung ausbaut und das Räderwerk von Hand in Bewegung bringt. Dann wird sich das zu eng gewundene Federpaket etwas lockern und die Uhr wird weiter laufen. In diesem Fall wird man über kurz oder lang an einer Reinigung und sorgfältigen Ölung nicht vorbei kommen. Die Uhr wird bis dahin aber noch eine Zeit weiter betrieben werden können, sofern man sie nicht zu stramm aufzieht.

Dramatischer ist es schon, wenn Zähne verbogen oder gar abgebrochen sind, oder wenn die Geometrie des Getriebes durch Verschleiß an Lagern, Zapfen und Zahnflanken derart beeinträchtigt ist, dass sich einzelne Räderpaare ineinander verklemmen. Um das feststellen zu können, werden wir das Uhrwerk wohl oder übel auseinandernehmen müssen.

Kann die Ursache der Blockade nach der Inspektion aller Funktionsteile nicht eindeutig ermittelt werden, baut man das Uhrwerk Welle für Welle wieder auf, wobei man jeweils den Rundlauf der eingesetzten Räder und das Spiel der Zapfen kontrolliert, bis die Ursache gefunden ist.

Es ist aber durchaus möglich, dass die Blockade nach dem Zusammenbau aufgehoben ist, was sich jedoch erst im Betrieb unter Federspannung herausstellen wird. Tatsächlich ist nicht auszuschließen, dass das Uhrwerk jetzt für ein paar Jahre wieder zuverlässig läuft. Ich habe diese Erfahrung mehrfach gemacht und natürlich nach einer Erklärung für diese Merkwürdigkeit gesucht:

Stellen wir uns ein älteres Uhrwerk mit schon deutlichen Verschleißmerkmalen vor und wählen für unsere Überlegungen das letzte Räderpaar aus dem Schlagwerk. Das Windrad hat einen Trieb mit 7 Zähnen und wird von einem Zahnrad mit 56 Zähnen angetrieben. Markieren wir die beiden gerade in Eingriff stehenden Zähne jeweils mit der Nr.1 und die folgenden bis 7 bzw. 56 und lassen wir dieses Räderpaar in Gedanken einige Umdrehungen machen, dann trifft Zahn Nr.1 des Triebes auf die folgenden acht Zähne des treibenden Zahnrades: **8, 15, 22, 29, 36, 43, 50, 1, 8, 15**… u.s.w., aber nie auf einen anderen der insgesamt 56 Zähne! So trifft jeder Zahn des Triebes auf eine stets gleichbleibende Gruppe von acht Zähnen des antreibenden Zahnrades. Das kann sich erst dann ändern, wenn das Werk einmal neu montiert wird und andere Zahngruppen ineinander greifen, was schließlich erklären kann, warum ein Uhrwerk dann auf einmal wieder rund läuft.

Hätte übrigens das antreibende Rad statt 56 Zähne nur einen Zahn mehr, also 57 Zähne, kämen alle Zähne beider Räder in periodischen Zyklen von 57 Umdrehungen jeweils einmal miteinander in Berührung.

Die eben angestellten Betrachtungen machen auf jeden Fall klar, dass wir als Laien nur in sehr begrenztem Maße gravierende Störungen im Rundlauf des Getriebes beseitigen können, denn die erforderlich werdenden Arbeiten setzen Erfahrungen in feinmechanischen Arbeiten voraus. Man sollte daher, je wertvoller eine Uhr ist, um so eher daran denken, einen fachkundigen Uhrmacher zu konsultieren.

Das Richten einzelner Zähne

Die Schrägstellung einzelner Zähne oder Zahngruppen ist meist die Folge einer überhöhten und plötzlichen Krafteinwirkung auf einen Zahnkranz, wie sie z.B. beim Bruch der Feder, dem Riss der Kette (Schnecke-Kette) oder beim Versagen des Aufzuggesperres auftritt. Ein Versuch, derartige Zähne wieder gerade zu biegen, ist durchaus erfolgversprechend.

Abb. 162: Richten eines einzelnen Zahnes

Am konkreten Fall (Abb. 162) ist gezeigt, wie man dabei vorgehen kann. Ganz wichtig ist es, die zum Biegen erforderliche Kraft so an die Zahnflanke zu bringen, dass gesunde Zähne nicht belastet werden. Im Beispiel ist die Klinge des als Hebel dienenden Schraubendrehers auf einem Rundstahl als Drehpunkt gelagert. Die von der Hand aufzubringende Biegekraft ist nicht sehr groß und muss so langsam wie möglich aufgebracht werden. Man muss sich wirklich Zeit für diesen Vorgang nehmen. Je langsamer der Rückformungsvorgang abläuft, desto geringer ist die Bruchgefahr. Auf keinen Fall dürfen wir über die ursprüngliche Form hinaus biegen, denn nochmaliges Zurückbiegen würde mit ziemlicher Sicherheit zum Bruch führen.

Der Ersatz abgebrochener Zähne

Erinnern Sie sich noch an „Die Sache mit Chronos"? Dann wissen Sie, dass die Implantation sowohl eines einzelnen Zahnes als auch die des Segmentes mehrerer Zähne für den geschickten Freizeituhrmacher eine realisierbare Arbeit ist, vorausgesetzt, die Dimensionen des Zahnrades lassen zu, ihnen mit Laubsäge und Feile die richtige Form zu geben.

Ein einzelner Zahn ist relativ leicht ersetzt. Zunächst wird die Bruchstelle in der Zahnlücke mit der Feile geglättet. Genau in die Mitte der Zahnlücke schneidet man radial mit der Laubsäge einen Spalt, der dann mit der Feile bei Bedarf noch aufgeweitet wird, um die Wurzel des Implantates aufnehmen zu können. Abb. 163 zeigt, wie das bei einem Federhaus gemacht wird. Der Einschnitt verläuft hier schräg, um nicht das Innere des Federhauses zu berühren. In die Lücke wird jetzt ein passgenaues Plättchen aus hartem Messing weich eingelötet, aus dem dann die Form des Zahnes mit der Feile herausgearbeitet wird. Hartlöten wäre in diesem Fall nicht angebracht, da das Messing bei der hohen Temperatur weichgeglüht würde, und im Gegensatz zu Stahl ließe es sich auch durch eine Wärmebehandlung nicht wieder härten.

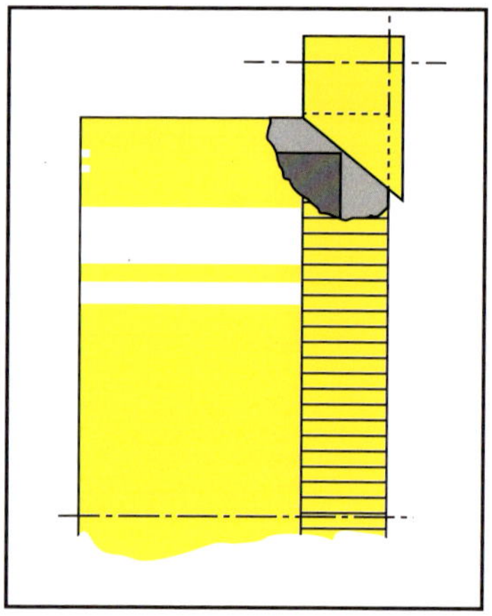

Abb. 163: Ersatz eines einzelnen Zahnes am Federhaus

Mehrere zusammenhängende Zähne werden vorzugsweise im Stück als Segment eingesetzt. Das Rad wird an der Bruchstelle wie in Abb. 164 zu sehen trapezförmig ausgesägt bzw. ausgefeilt. Einen noch intakten Bereich des Zahnrades als Schablone nutzend, feilt man die benötigten Zähne in ein Stück hartes Messingblech. Dann wird der „Schwalbenschwanz" nach der trapezförmigen Aussparung angerissen. Jetzt kann das Segment ausgesägt und genau eingepasst und weich eingelötet werden.

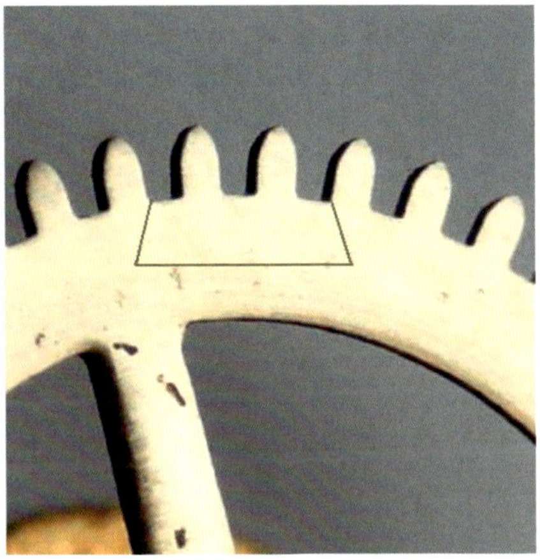

Abb. 164: Ersatz mehrerer Zähne im Segment

Reparaturen an Lagern und Zapfen

Uns ist inzwischen bekannt, dass durch Verschleiß aus der Form geratene Lager und Zapfen die Geometrie eines Getriebes derart verändern, dass die Zahnräder nur noch mit erhöhtem Kraftaufwand rundlaufen und schließlich gar nicht mehr aufeinander abrollen. Der Verschleiß an den Messinglagern ist dabei größer als der an den stählernen Zapfen. Die Werkstoffpaarung Messing/Stahl ist bewusst so gewählt, weil einerseits Stahl auf Messing gut gleitet, aber auch weil es einfacher ist, ein Lager zu erneuern, als einen Wellenzapfen. Außerdem ist nach der Bearbeitung eines eingelaufenen Zapfens auch ein neues Lager fällig. Umgekehrt muss das nicht sein, wenn mit dem Ersatz von Lagern nicht zu lange gewartet wird.

Dass wir uns mit diesem Thema auf einem Grenzgebiet bewegen, auf dem grundsätzlich nur der versierte Uhrmacher das Sagen haben sollte, dürfte uns wohl klar sein. Eine komplette Erneuerung aller Lager kommt für uns schon deshalb nicht in Betracht, weil wir es mit unseren Mitteln schwerlich schaffen werden, alle konstruktionsmäßig vorgegebenen Drehpunkte zu rekonstruieren und diese dann auch noch deckungsgleich von einer auf die andere Werkplatine zu übertragen.

Wir picken uns zu diesem Thema nur diejenigen Fälle heraus, die wir mit unseren laienhaften Möglichkeiten und handwerklichem Geschick bearbeiten können.

Erneuerung eingelassener Messinglager

Können wir davon ausgehen, dass die das Messinglager aufnehmende Bohrung achsgenau ist, stellt der Wechsel einer Lagerbuchse für den etwas erfahreneren Uhrenbastler kein Problem dar. Solche Lager finden wir z.B. in den hölzernen Werkgestellen der Schwarzwalduhren und in mit Messinglagern ausgestatteten Platinen und Lagerbändern eiserner Werkgestelle.

Abb. 165

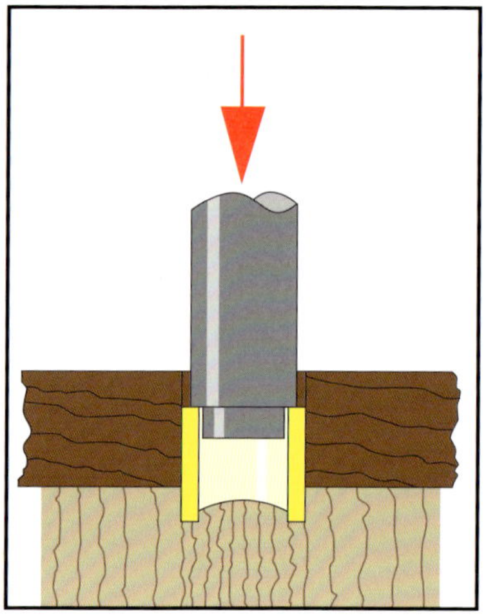

Abb. 166: Austreiben des Lagers

Ein schadhaftes Lager kann man meist austreiben. Bei Holzplatinen empfiehlt sich eine Unterlage aus Kopfholz, welche die Messingbuchse aufnimmt und das Absplittern von Holz an der Platine verhindert.

Aus Eisenplatinen lassen sich Messinglager nicht immer problemlos austreiben. Dann bohren wir – immer im Messing bleibend – so viel wie möglich aus der Buchse heraus, reiben mit der Reibahle oder feilen mit einer Rundfeile vorsichtig weiter, bis sich die Buchse lösen lässt.

Für neue Lager findet man im Fachhandel „Futterdraht". Das ist axial gebohrtes Rundmessing. Es ist in verschiedenen Außen- und Innendurchmessern in relativ feiner Abstufung als Sortiment erhältlich. Wir können aber auch mit Hilfe unserer als Drehmaschine eingerichteten Minibohrmaschine ein Lager aus im Baumarkt erhältlichem Rundmessing herstellen.

Die axiale Bohrung kann auch ohne Reitstock mit von Hand geführtem Bohrer zentrisch gebohrt werden. Dazu wird zuerst die Stirnfläche bei rotierendem Werkstück mit der Feile plan geglättet. Wenn man jetzt den im

Stiftenkloben geführten Bohrer ganz vorsichtig senkrecht in der Mitte der Kreisfläche ansetzt, findet man die genaue Mitte an der Stelle, an der die Bohrerspitze ruhig steht. Mit etwas höherem Druck werden sich die ersten Späne bilden. Die Bohrungstiefe geht, den Schnittverlust für das spätere Abtrennen berücksichtigend, einige mm über die Länge der Buchse hinaus. Der Durchmessser darf geringfügig kleiner sein, um die Buchse später in der Platine mit der konischen Reibahle noch auf das erforderliche Maß aufzureiben.

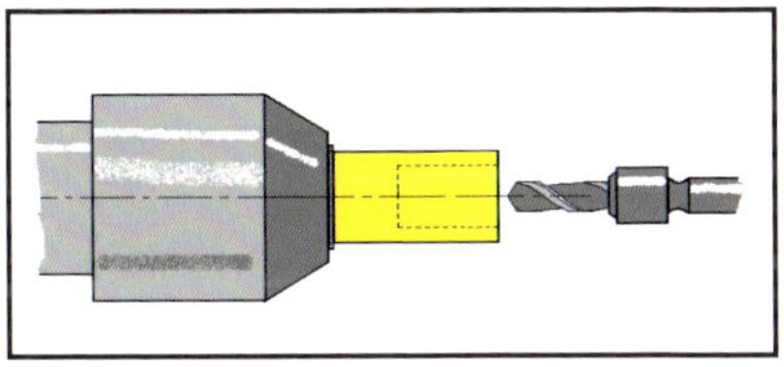

Abb. 167

Außen werden die Lagerbuchsen unmerklich konisch, so dass sie sich mit dem kleineren Durchmesser voraus gerade stramm in die Bohrung drücken lassen. Etwas schwieriger ist es, den Presssitz für in Stahl oder Messing einzusetzende Buchsen zu bemessen. Deshalb machen wir die Buchse etwas länger, trennen sie auf Platinenebene ab und polieren die im Werk liegende Stirnfläche. Wenn es für das Uhrwerk typisch ist, versehen wir das neue Lager noch mit einer Ölsenkung.

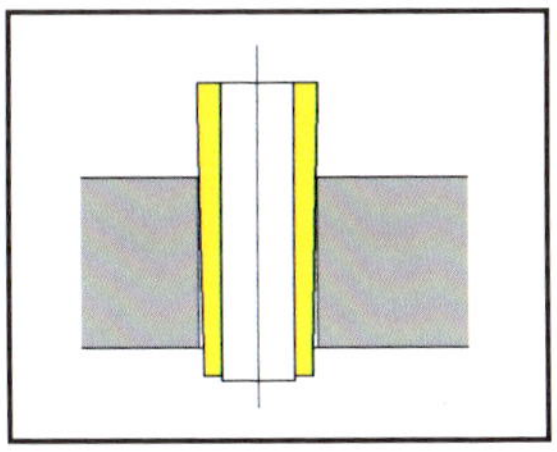

Abb.168

Richten eines verbogenen Lagerzapfens

Die Tatsache, dass ein Zapfen verbogen wurde, birgt auch bei Lagerzapfen die berechtigte Hoffnung in sich, ihn wieder gerade biegen zu können. Der Frage, ob wir das riskieren sollen, stehen wir sowieso alternativlos gegenüber. Sollten Sie sich mit der Wärmebehandlung von Stahl auch praktisch befasst haben, empfehle ich, den Zapfen und das Ende der Welle vorher weich zu glühen und nach dem Richten wieder zu härten und kurz anzulassen. Auf jeden Fall sollte der Biegevorgang mit Bedacht ausgeführt werden. Grundsätzliches zum Richten von Stiften haben wir schon früher auf der Seite 165 erfahren, und das gilt hier in gleicher Weise.

Ersatz eines Lagerzapfens

Ein abgebrochener Lagerzapfen muss nicht das Ende einer Uhr bedeuten, und wenn Sie die Anwendung unserer Feinbohrmaschine als Drehmaschine beherrschen, werden Sie die nachfolgend beschriebenen Reparaturen auch selbst durchführen können. Trotzdem empfehle ich, vor dem Ernstfall ausgiebig an bereits auf der Verlustliste stehenden Objekten zu üben.

Die professionellste Möglichkeit besteht darin, in das Ende der Welle eine Bohrung einzubringen, in die dann ein Stück Tamponstahl getrieben wird, aus dem sich der Zapfen mit der Feile herausarbeiten lässt.

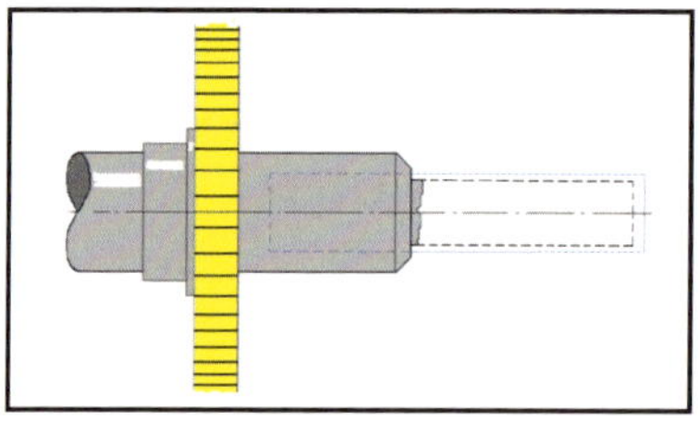

Abb. 169: Plan zu drehende Bruchstelle

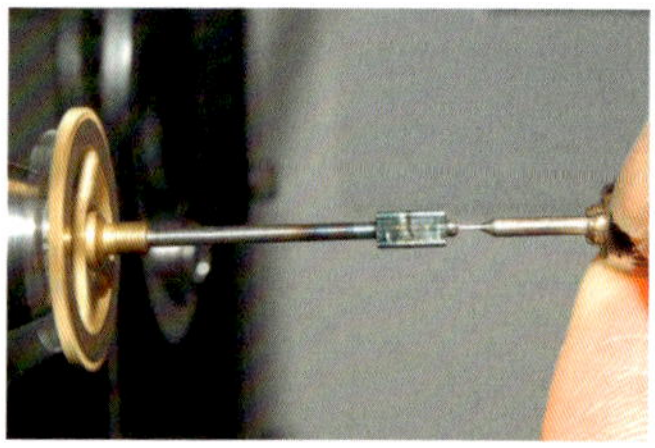

Abb. 170: Aufbohren der Welle

Vor dem Bohren wird der Ansatz des Zapfens restlos plan abgedreht. Der Bohrungsdurchmesser wird etwas kleiner als der des Tamponstahles gewählt, damit wir den Tampon durch Abdrehen in die Bohrung einpassen können. Der Ersatz muss sich stramm in die Bohrung einpressen bzw. mit dem Uhrmacherhammer in die Bohrung hineintreiben lassen und dort alleine durch Presssitz seinen festen Halt in der Bohrung bekommen. Seine endgültige Form erhält der Zapfen dann durch Abdrehen mit feinster Feile und die glatte Oberfläche durch Schleifen mit 1000er Körnung und abschließendes Polieren.

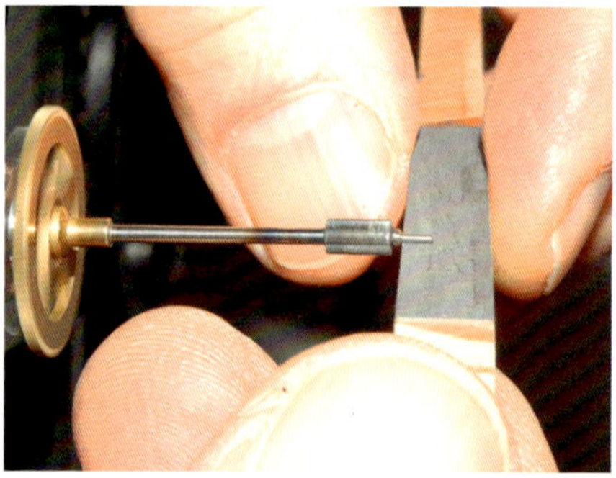

Abb. 171: Feinstschleifen des Zapfens

Zum Polieren benutzt der Uhrmacher einen speziellen Polierstahl. Wir begnügen uns mit einer feinen Metallpolitur, die wir auf ein glattes Buchenholzstäbchen auftragen und ähnlich wie beim Feinstschleifen vorsichtig an den Zapfen heranführen.

Das gezeigte Beispiel (Abb. 171) gilt für den besonders ungünstigen Fall, in welchem der Zapfen sich sehr nahe am Trieb befindet, sonst hätte man einen neuen Zapfen in das Ende der Welle drehen und deren Verkürzung durch ein entsprechend überstehendes Lager ausgleichen können. Diese Version war uns bereits im Zusammenhang mit Problemen bei der Uhrwerksmontage (Seite 155, Abb. 145) begegnet. Sie gilt zwar nicht als besonders professionell, wird aber in Abwägung der Kosten im Verhältnis zum Wert einer Uhr auch von gestandenen Uhrmachern praktiziert.

Eine Alternative zeigt die Abb. 173. Die Welle ist hier so gekürzt, dass sie mittels einer Verbindungsmuffe einen Tampon aufnehmen kann, aus dem dann der neue Zapfen gearbeitet wird.

Abb. 172:
Erfolgreiche Zapfenreparatur

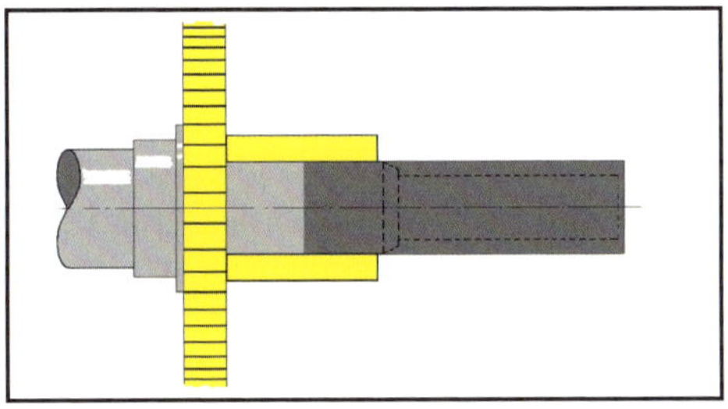

Abb. 173:
Verbindungsaufbau Zapfenreparatur

Die Abbildung 172 zeigt das Ergebnis einer solchen Zapfenreparatur an einem schon sehr kleinen Zahnrad. Der Zapfen hat einen Durchmesser von nur 0,4 mm. Den Verbindungsaufbau zeigt das Schema in Abb. 173.

Abschließend können wir feststellen, dass die zuerst beschriebene Methode, sofern sie gelingt, die beste ist. Die Gefahr des Misslingens liegt hauptsächlich darin, dass die Bohrung nicht zentrisch wird. Wenn wir das nach dem ersten Ansatz ggf. mit der Lupe kontrollierend feststellen, müssen wir die Stirnfläche erneut planen und den Bohrer noch einmal erneut ansetzen. Auf keinen Fall dürfen wir eine nicht zentrische Bohrung weiterbohren, da wir damit das Wellenende schwächen und für eine der beiden ja noch möglichen Alternativlösungen unbrauchbar machen würden.

Reparatur / Ersatz einer Zugfeder

Da wir uns bereits im Zusammenhang mit dem Reinigen von Uhrwerken über das Entspannen der Zugfeder (Seite 143), der Entnahme der Zugfeder (Seite 147 f.) und dem Einwinden der Feder in das Federhaus (Seite 151) ausführlich beschäftigt haben, werden wir uns hier nur mit Fragen zur eventuellen Reparatur oder des Ersatzes einer neuen Aufzugfeder befassen.

Ob eine defekte Zugfeder durch eine neue ersetzt werden muss, oder ob eine Reparatur noch sinnvoll ist und sich kostenmäßig lohnt, hängt von verschiedenen Kriterien ab. Eine Zugfeder, die an ihrem äußeren Ende gerissen ist, werden wir reparieren. Ist sie am Federkern gerissen, das ist aber weitaus seltener der Fall, wird die Reparatur zwar schwieriger aber zumeist noch durchführbar. Auch eine in der Mitte gerissene Feder kann man tatsächlich wieder zusammenflicken, wie die Abb. 174 zeigt. In Notzeiten, in denen es keinen Ersatz gab, wurde das auch praktiziert. Dass eine solche Reparatur möglicherweise nicht von Dauer ist und die Antriebskraft nicht mehr die gleiche sein wird, kann man sich denken. Um so erstaunlicher ist es, dass die hier abgebildete Feder viele Jahre ohne Probleme gearbeitet hatte, bevor ich sie bei einer Generalinspektion entdeckte und in den Ruhestand versetzen konnte. Heute wäre so eine Reparatur nur vertretbar, wenn eine passende Feder nicht zu bekommen ist, und da kann es bei Federbreiten ab etwa 25 mm schon problematisch werden.

Abb. 174: Geflickte Feder

Auch eine korrodierte Feder sollten wir durch eine neue Feder ersetzen, da wir selbst nach sorgfältigstem Entrosten nicht ausschließen können, dass die Korrosion bis in die Feinstruktur des Metalles vorgedrungen ist. Eine derartige Feder könnte jederzeit reißen und dabei ernsthaften Schaden im Räderwerk anrichten.

Reparatur am äußeren Ende einer Zugfeder

Das Ende der Zugfeder soll auf einer dem Zwei- bis Dreifachen der Federbreite entsprechenden Länge weniger hart sein und sich bleibend biegen lassen, damit es sich zum Einhaken an die Federhauswand anschmiegen kann. So müssen wir ggf. das Federende nach dem Abtrennen des schadhaften Teils noch einmal anlassen.

Besondere Aufmerksamkeit gilt der Gestaltung der Öse. Sie sollte sich so gut wie möglich der Form des Federhaushakens anpassen. Scharfe Ecken sind zu vermeiden, da sich von diesen ausgehend sehr schnell infolge der Kerbwirkung Risse bilden, die im Laufe der Zeit zum vollständigen Abriss des Federendes führen werden.

Haben wir die Form der Öse mit feinem Filzstift (nicht mit einer Reißnadel!) vorgezeichnet, arbeiten wir sie von einer Anfangsbohrung ausgehend am besten durch Schleifen mit einem Diamantschleifer/Schleifstift bei hoher Drehzahl aus. Auch die Anfangsbohrung können wir durch Schleifen herstellen, wenn das Material zu hart zum Bohren ist.

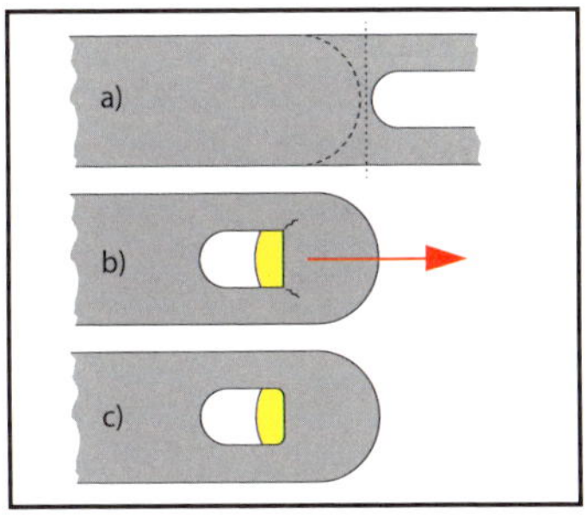

a) Beschädigte Feder
b) Kerbwirkung als Ursache der Beschädigung
c) Empfohlene Ausführung ohne Ecken

Abb. 175: Schema Federenden

Reparatur am inneren Ende einer Zugfeder

Für den Arbeitsablauf ergeben sich keine neuen Aspekte. Bei einem Federbruch in der Nähe des Federkerns wickeln wir die Feder von außen nach innen. Eventuell müssen wir das dann außenliegende innere Ende mit der Flamme noch weich anlassen, um es für die Bearbeitung gerade biegen zu können.

Abb. 176: Inneres Federende nach außen gewickelt.

Abb. 177:
Mit diamantbesetztem Schleifstift wird die innere Öse ausgeschliffen.

Ersatz einer Zugfeder

Die für den Ersatz der Zugfeder erforderlichen Angaben sind Länge, Breite und Dicke. Die Länge bestimmt dabei im Wesentlichen die Laufdauer des Uhrwerks und die Dicke in Verbindung mit der Federbreite die vom Federhaus ausgehende Antriebskraft. Im Handel ist dazu meist noch der Innendurchmesser des Federhauses oder der Außendurchmesser des aufgewundenen Federpaketes angegeben.

Ist man sich bei einer alten, möglicherweise häufiger reparierten Uhr hinsichtlich der Federlänge nicht ganz sicher, kann eine kleine Kontrollrechnung für Klarheit sorgen. Diese Rechnung basiert darauf, dass die optimale Federlänge erreicht ist, wenn das Federhaus zu 50% von der Feder gefüllt ist.*) Da die Breite der Feder durch die lichte Höhe des Federhauses bestimmt ist und wir annehmen können, dass die vorgefundene Dicke der erforderlichen Antriebskraft entspricht, ist die ungewisse Federlänge die einzige Variable in unserer Rechnung:

Innendurchmesser des Federhauses: d = 40 mm
Dicke der Feder: s = 0,4 mm
b = Breite der Feder (ist ohne Einfluss)
A/2 = 50% der Grundfläche des Federhauses
Länge der Feder: l = ? mm

$$\frac{A}{2} = \frac{\mathbf{d^2 \times \pi}}{\mathbf{4 \times 2}} = \mathbf{l \times s}$$

$$l = \frac{d^2 \times \pi}{8 \times s}$$

$$l = \frac{40^2\ mm^2 \times 3{,}14}{8 \times 0{,}4\ mm}$$

$$\mathbf{l = 1570\ mm}$$

*) nach Martinek, Zdeněk und Řehoř, Jaroslav, Mechanische Uhren, Berlin 1976

Für die im Beispiel angenommenen Daten wäre also eine Federlänge von 1570 mm ideal. Nun müssten wir sie noch mit der real vorhandenen Federlänge vergleichen. Diese könnte man, sofern sie sich noch im Federhaus befindet, aus dem mittleren Durchmesser aller Windungen und deren Zahl errechnen. Da wir aber meist erst dann auf die Idee kommen, die Feder mit größerer Skepsis zu betrachten, nachdem wir sie schon aus dem Federhaus heraus gezogen haben, ist es viel einfacher, sie mit dem Maßband aus Mutters Nähkästchen auszumessen. Das geht ziemlich einfach, wenn wir das Maßband am inneren Ende fixieren und es auf dem Federband aufliegend bis zum Ende der Spirale nach außen ziehen. Ist die Feder wesentlich kürzer als sie nach der Rechnung sein sollte, stellt sich ernsthaft die Frage des Ersatzes durch eine neue, deren Länge wir ja nun kennen.

Bei Experimenten mit Länge und Dicke der Zugfeder sollten wir uns über folgende Zusammenhänge im Klaren sein: Je dünner die Feder, desto mehr Windungen können im Federhaus untergebracht werden, desto geringer wird dann aber auch die Antriebskraft und umgekehrt.

Abb. 178: Aufgezogene Feder im Federhaus: Etwa 1/3 des Durchmessers entfällt auf den Federkern.

Reparatur einer Kette im System Kette-Schnecke

Im Großuhrbereich ist ein Kettenriss weniger problematisch als bei Kleinuhren, da hier die Abmessungen noch relativ „handlich“ sind. Im Grenzbereich von Groß- und Kleinuhren finden wir, z.B. bei Reiseuhren des beginnenden 19. Jahrhunderts, in große Uhrgehäuse eingebaute Taschenuhrwerke (Seite 88 f., Abb. 104 u. 105). Doch auch die winzigen Ketten der meist mit Spindelgang ausgestatteten Kleinuhrwerke lassen sich reparieren. Der Arbeitsablauf ist dabei im Prinzip der gleiche.

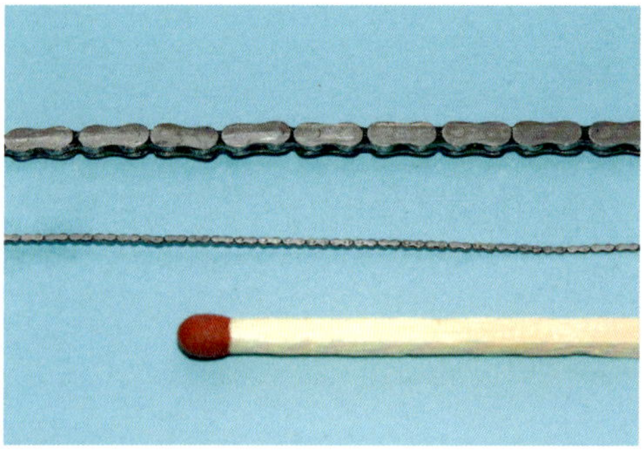

Abb. 179:
Zwei Ketten des Systems Schnecke-Kette im Größenvergleich: oben Großuhr, unten Taschenuhr

Wesentlich bruchgefährdeter als einzelne Kettenglieder sind die Endhaken. Selten bricht einer der Verbindungsstifte, eher lösen sich einzelne Kettenglieder aus der Vernietung oder reißen im Bereich der Bohrung.

Einen Endhaken schleifen und feilen wir aus dem Stück einer alten Zugfeder, das wir dazu in den Stielfeilkloben einspannen, nachdem das Loch gebohrt wurde.

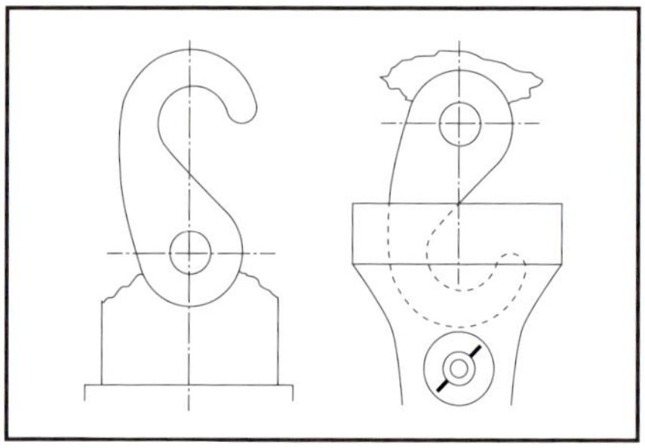

Abb. 180: Arbeiten an einem Kettenendhaken im Stielfeilkloben (Haken stark vergrößert)

Ist ein Kettenglied gerissen, müssen wir die Kette um einige Laschen kürzen, um ein Mittelglied zwischen zwei Außenglieder zu bringen. Die nicht benötigten und beschädigten Laschen kann man aus der Kette herauslösen, indem man die mit ihnen verbundenen Laschen vorsichtig aufbiegt, wobei sich dann die Nietverbindung löst. In der Abb. 181 ist schematisch dargestellt, dass die Hälfte des jeweiligen Kettengliedes dabei in einer Zange eingespannt sein muss, damit sich die Lasche nicht ganz abhebt. Sind auf diese Weise die beiden Enden zum Zusammenfügen vorbereitet, stecken wir sie, wie in Abb. 182 dargestellt, auf den vorher schon auf der Feinbohrmaschine mit feinster Feile hergestellten Bundstift, den wir dann zum Nieten in einen Schraubstock einspannen.

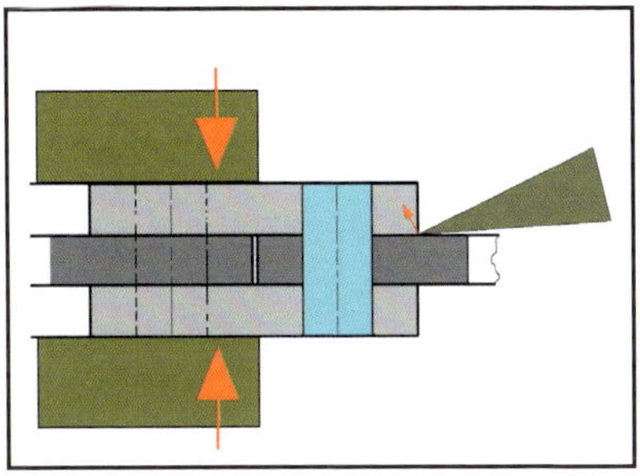

Abb. 181: Aufhebeln der Kettenöse

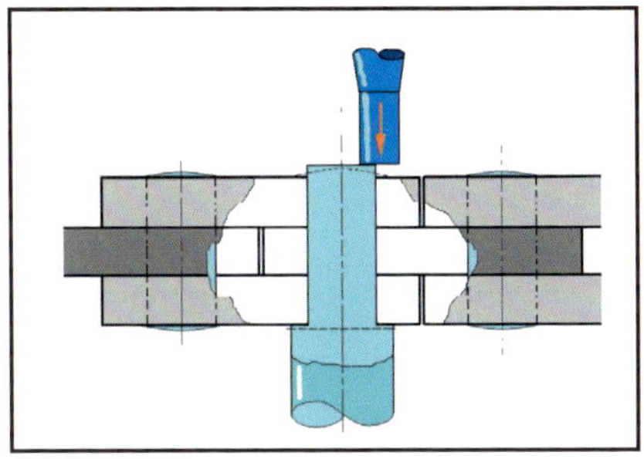

Abb. 182: Vernieten des Verbindungsstiftes

Nach dem Vernieten wird der eingesetzte Stift bis auf einen ganz flachen Nietkopf abgetrennt und geglättet. Wenn die Nietköpfe etwas über die Laschen hinausragen, ist das nicht schlimm, da sie auf der Schnecke außerhalb der Ganglinien liegen.

Reparaturen am Aufzugsgesperr

Im Zusammenwirken von Kraft und Gegenkraft im Räderwerk einer Uhr bilden auf der einen Seite die Hemmung und auf der anderen Seite das Aufzugsgesperr den jeweiligen Gegenpol. Während in der Hemmung durch die mehrfache Übersetzung nur noch sehr kleine Kräfte auftreten, wird das Gesperr mit der vollen Federkraft bzw. der Kraft des Gewichts am Ketten- oder Seilzug belastet. Entsprechend dieser Belastung ist auch an den dort aneinander reibenden Teilen mit Verschleiß zu rechnen.

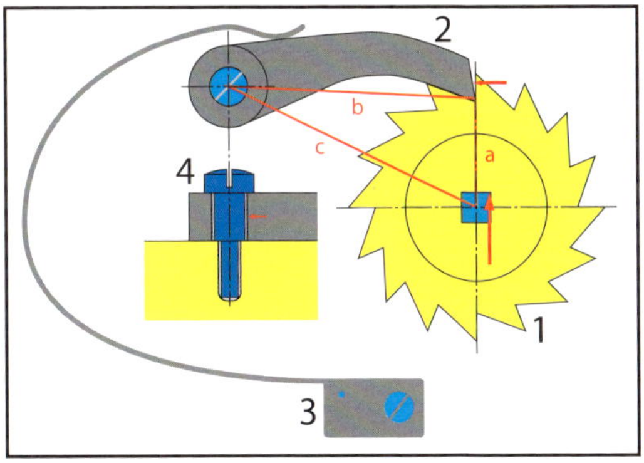

Abb. 183:
Schema eines Aufzuggesperres

1. Sperrrad
2. Sperrkegel / Sperrklinke in Bundschraube (4) beweglich arretiert
3. Sperrkegelfeder

Das Schema zeigt den Aufbau eines Gesperres. Die roten Pfeile geben die Richtung der Kräfte an. Die größte Kraft wirkt im Vierkant des Sperr-Rades.

Das rote Dreieck verdeutlicht, dass die Summe der Abstände a + b größer sein muss als c.

Wenn das Gesperr seine Sperrfunktion nicht mehr erfüllt, müssen wir das Zifferblatt entfernen und nach der Ursache suchen. Im harmlosesten Fall ist das Öl unter dem Sperrkegel (2) verharzt, und/oder die Sperrkegelfeder (3) ist ermüdet. Dann ist Reinigen und Ölen erforderlich. Die Sperrkegelfeder lässt sich meist wieder so zurechtbiegen, dass sie bei leichtgängigem Sperrkegel ausreichenden Druck ausübt.

Es kommt auch vor, dass der die Position der Sperrkegelfeder sichernde Pass-Stift fehlt und sich deshalb die Lage der Sperrkegelfeder verändert hat. Dann müssen wir einen neuen Pass-Stift setzen, wobei wir möglichst die bereits in der Werkplatine vorhandene Bohrung nutzen sollten, durch die dann von der Unterseite die in Position gebrachte Sperrkegelfeder zur Aufnahme des neuen Pass-Stiftes mit dem Durchmesser der Bohrung der Platine angebohrt wird. Den Stift feilen wir an der Feinbohrmaschine so, dass er sich mit dem Uhrmacherhammer in die Fußplatte der Sperrkegelfeder treiben lässt. Die Bohrung in der Platine reiben wir mit der Reibahle vorsichtig etwas auf, damit der Pass-Stift gerade leicht hineinpasst.

Ist ein Sperr-Rad derart ausgeschlissen, dass der Sperrkegel dort keinen sicheren Halt findet, können wir die Zahnung mit der Feile in der vorgegebenen Form nacharbeiten. Dabei dürfen wir nicht zu tief in das Material eindringen, was bezogen auf Abb. 183 bedeutet, dass die Strecken a, b und c immer ein Dreieck bilden müssen.

Gelegentlich kann man den Vierkant im Sperrrad kaum noch als solchen erkennen. Dann ist schon allein aus Sicherheitsgründen das Sperrrad zu erneuern, denn ein plötzliches Versagen der Sperrwirkung käme in seinen zerstörerischen Auswirkungen einem Federbruch gleich. Im Handel gibt es Sperrräder in unterschiedlicher Größe, deren Vierkant an den des Federkerns angepasst werden kann. Bei der Größenwahl denken wir natürlich an die Bedingung des Dreiecks. In der Dicke gehen die angebotenen Sperrräder meist nicht über 2 mm hinaus. Das reicht für die recht kräftigen Federn schwerer Uhrwerke aber nicht immer aus. Wir sollten uns hier am Vorbild orientieren und bei Bedarf ein Sperrrad selbst herstellen. Für den erfahrenen Handwerker ist das kein Problem und für den, der das gerne werden möchte, eine lohnende Herausforderung. Die Arbeitsschritte sind folgende:

1. Auf dem Messingblech mit dem Körner den Mittelpunkt festlegen.
2. Mit dem Reißzirkel Außen- und Inndurchmesser anreißen.

3. Den Außendurchmesser in z.B. 12 Teile unterteilen.
4. Die Teilungsmarken als Tangenten an den inneren Kreis führen.
5. Zahnung und Vierkant anreißen
6. In Kreismitte ein Loch bohren (Durchmesser 0,5 mm unter Vierkant)
7. Vierkant ausfeilen und an Federkern anpassen
8. Zahnung grob aussägen und sauber feilen

Der Vorteil einer eher gröberen als feinen Zahnung besteht nicht nur in der größeren Stabilität der Zähne, sondern auch darin, dass die Feder nicht zu straff gespannt (vgl. Seite 172, „Blockaden im Uhrwerk“) werden kann, da sich der Federkern bei der letzten Umdrehung um den Betrag des die Teilung bestimmenden Winkels wieder zurückdreht.

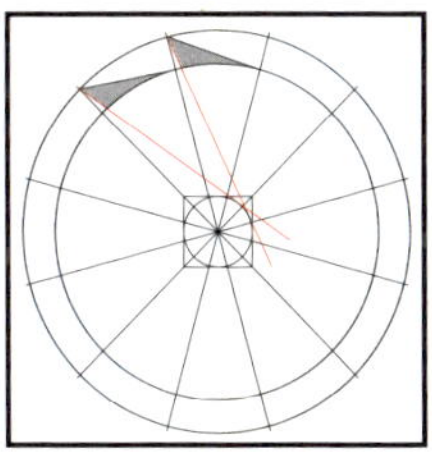

Abb. 184: Konstruktion eines Sperrrades

Zum Glück treten Probleme am Gesperr sehr selten auf. Überraschungen erlebt man schon einmal bei unsachgemäß „restaurierten“ Uhrwerken. Eine Bundschraube (Abb. 183, Pos. 4), durch eine normale Schraube ersetzt und wegen der Beweglichkeit des Sperrkegels nicht fest angezogen, wird auf Dauer der auf sie wirkenden Kraft nicht standhalten. Auch eine weich an ihre Befestigungsplatte angelötete Sperrkegelfeder stellt ein Risiko dar. Bei einer akzeptablen Reparatur wird die z.B. aus dem Rest einer Zugfeder gefertigte Sperrfeder wie nebenstehend abgebildet in die Trägerplatte eingelassen.

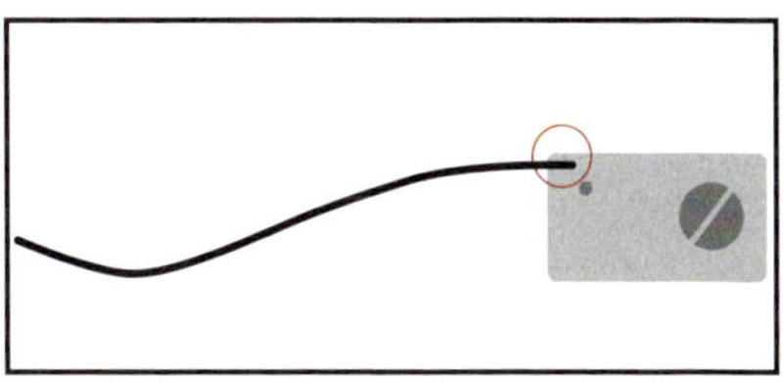

Abb. 185: Reparatur der Sperrkegelfeder

Blockaden in Zeigerwerk oder Kadratur

Das Zeigerwerk und die das Schlagwerk steuernde Mechanik, die sogenannte Kadratur (auch Kadraktur), teilen sich den oft engen Raum unter dem Zifferblatt. Besonders eng wird es bei Rechenschlagwerken. Wenn dann z.B. Bauteile durch Verschleiß bedingt zu nahe aneinander geraten oder sich ein Hebel auf seiner Achse verschieben konnte, weil er nicht (nicht mehr) auf der ihn tragenden Achse durch einen Stift gesichert war, kann es durchaus zu einer solchen Blockade kommen, in deren Folge dann auch das Uhrwerk stehen bleibt. Was wirklich die Ursache einer solchen Blockade ist, wird sich meist erst herausstellen, wenn das Zifferblatt abgenommen ist.

Abb. 186:
Blockade in der Kadratur eines Rechenschlagwerks

Ein konkreter Fall, mit dem ich schon einige Male konfrontiert wurde, ist im Prinzip in der Abb. 186 dargestellt: Die Schlagwerksfeder war nach den ersten von 12 Schlägen abgelaufen und der Schöpfer war nicht mehr in der Lage, den Rechen weiter zu transportieren, sodass der an den Rechen gekoppelte Abtastnocken die sich zunächst noch weiterdrehende Stundenstaffel und damit auch das Minutenrad mit zunehmender Kraft bis zum Stillstand blockiert. Dieser Fehler trat bei einer bestimmten Uhr mehrfach und zwar nur dann auf, wenn die Besitzer für längere Zeit verreisten und ihre Uhr nicht, wie gewohnt, wöchentlich aufziehen konnten. Leider war es dann bei dieser Uhr nicht immer damit getan, das Schlagwerk aufzuziehen und die Stundenstaffel und den Rechen durch Rückführen des Minutenzeigers wieder freizusetzen. Im Fall nach Abb. 186 hätte das ja eigentlich genügen müssen, doch bei dieser Uhr verklemmte sich meist auch noch der Schöpfer im Rechen.

Das Problem liegt, wie Sie sicherlich schon erkannt haben, darin, dass die Schlagwerksfeder entweder zu kurz oder zu schwach ist. Normalerweise ist ein Schlagwerk so ausgelegt, dass es deutlich länger als das Gehwerk läuft. Dann kann die Situation, dass das Schlagwerk im Schlagen mangels Federspannung stehen bleibt, erst gar nicht eintreten, weil ja der Rechen nach dem letzten Schlag vom Schöpfer wieder in seine Ausgangsposition gebracht, mit der Stundenstaffel bis zum erneuten Auslösen nicht mehr in Berührung kommt.

Eine weitere Ursache für eine Blockade in der Kadratur eines Rechenschlagwerkes kann darin bestehen, dass der Rechen bei Schlag „12“ sehr nahe an die nach oben führende Linie der Stundenstaffel fällt, diese berührt und dann schon während des Schlagens dort unter Druck gerät und eingeklemmt wird. Diesen meist auf die Montage des Zeigerwerkes zurückzuführenden Fehler haben wir schnell behoben, indem wir das Stundenrad, an dem ja die Stundenstaffel befestigt ist, um einen Zahn gegenüber dem Wechselrad nach links drehen.

Kontrolle der Schlagwerkskadratur

Ist der Schlag eines Rechenschlagwerks in sich nicht folgerichtig, kann der Fehler nur in seiner Kadratur zu finden sein. Wir werden das Uhrwerk ausbauen und das Zifferblatt entfernen müssen, um die Funktion aller Bauteile überprüfen zu können.

Das Hauptaugenmerk gilt dem Rechen und seiner Beweglichkeit. Starke Verschmutzung und mangelnde Schmierung können den meist nur durch sein Eigengewicht auf die Stundenstaffel fallenden Rechen in beliebiger Position festhalten, oder die Spannung einer eventuell vorgesehenen Andrückfeder reicht nicht aus, den Rechen zuverlässig auf die Stundenstaffel zu drücken. In Verbindung mit einer Repetiereinrichtung kann der Rechen ebenfalls in seinem „freien Fall“ auf die Stundenstaffel behindert sein.

Zu kontrollieren ist auch, dass alle beweglichen Teile, wie Auslöse- und Einfallhebel und der Rechen selbst auf ihren Achsen mit Vorsteckstiften an ihrem Platz gehalten werden und nicht zu großes axiales Spiel haben.

Schließlich kann auch zu großes axiales Spiel des Stundenrades auf dem Minutenrohr, z.B. durch unsachgemäße Zeigerbefestigung bedingt, bewirken, dass der Abtastnocken des Rechens neben die Stundenstaffel fällt und nicht korrekt zählen kann.

Schwerwiegender, aber zum Glück seltener, sind Schäden am Schöpfer oder an der Zahnung des Rechens. So gut wie ausgeschlossen aber ist es, sofern alle Bauteile ursprünglich zum Uhrwerk gehören, dass etwa die Stundenstaffel abgenutzt ist. Sofern sie fest mit dem Stundenrad verbunden ist, was man noch kontrollieren könnte, wird von ihr keine Störung im regelmäßigen Ablauf des Schlages ausgehen.

Kontrolle der Schlossscheibe und des Einfallhebels

Voraussetzung für die einwandfreie Funktion eines Schlagwerkes ist natürlich dessen korrekte Montage. Informationen dazu können wir auf Seite 156 kurz noch einmal nachlesen. Ein Schlossscheibenschlagwerk, das vor dem Zerlegen des Uhrwerkes zuverlässig arbeitete, wird auch nach dem Zusammensetzen wieder zufriedenstellend schlagen. Tut es das nicht, wird die Ursache wahrscheinlich darin zu finden sein, dass die Schlossscheibe nicht in der richtigen Position auf dem Vierkant der sie antreibenden Welle steckt. Dann müssen wir die Schlossscheibe umstecken, bis der Schlag jeweils durch Anheben des Auslösehebels über zwölf simulierte Stunden korrekt abläuft.

Sollten wir jetzt keinen Erfolg haben, müssen wir die in die Lücken der Schlossscheibe einfallende Schneide des Einfallhebels kontrollieren. Normalerweise steht sie senkrecht zur Schlossscheibe. Steht sie schräg, ist das vielleicht ein Indiz dafür, dass schon früher einmal versucht wurde, hier die Schlagfolge zu korrigieren. Man kann nun versuchen, die Schneide vorsichtig wieder gerade zu richten und die Schlagfolge erneut bei den möglichen Positionen der Schlossscheibe testen.

In dem unten abgebildeten Uhrwerk (Abb. 187) ist die Schneide des Einfallhebels locker. Das hat hier zur Folge, dass das große Anlaufrad ab und zu auch dann gestoppt ist, wenn der Einfallhebel auf der Kurve der Schlossscheibe aufliegt. Anstatt jetzt die dem Kurvenabschnitt entsprechende Zahl an Schlägen auszuführen, erfolgt nur ein Schlag. Das kann so lange weitergehen, bis der Einfallhebel am Ende der Kurve in die Lücke einfällt. Es kann aber auch sein, dass der Einfallhebel den Stoppstift schon beim nächsten Schlag freigibt, worauf dann die zuvor nicht erfolgten Schläge ablaufen. Wie diese Uhr schlägt, hängt hier von der zufälligen Stellung der Schneide des Einfallhebels ab.

Abb. 187: Fehler am Einfallhebel: Weil die Schneide zu hoch sitzt, gibt der Einfallhebel – obwohl er auf der Kurve der Schlossscheibe aufliegt – das Anlaufrad nicht frei.

Abgleich der Positionen von Zeigervierkant und Auslösemechanik

Die nachfolgenden, auf andere Uhrwerke übertragbaren Überlegungen beziehen sich auf ein französisches Pendulenwerk mit einem Schlossscheibenschlagwerk. Der Minutenzeiger steckt hier auf dem Vierkant des Minutenrohres, an dessen Ende sich die den Schlag auslösenden Nocken bzw. Stifte befinden. Vom Uhrwerkskonzept her sind die Position der Stifte am Minutenrohr, die Länge des Auslösehebels und der Zeigervierkant so aufeinander abgestimmt, dass genau beim Stand des Minutenzeigers auf „12 Uhr" bzw. „6 Uhr" der Schlag ausgelöst wird.

Schlägt nun eine Uhr exakt um den gleichen Betrag zu früh oder zu spät, können wir davon ausgehen, dass entweder die Nocken am Minutenrad mit der Vierkantstellung des Minutenzeigers, oder umgekehrt, die Vierkantstellung am Minutenzeiger nicht mit der Stellung der Auslösestifte am Minutenrad übereinstimmt, was zwar im Grunde genommen auf das Gleiche hinausläuft, jedoch verschiedene Ursachen hat.

Sind Zeiger und Zeigerwerk Originalteile der Uhr, wird vermutlich ein Verschleiß an den Stiften oder am Auslösehebel vorliegen. In diesem Fall würde der Schlag stets etwas zu früh ausgelöst. Die eleganteste Art der Behebung dieses Fehlers bieten Minutenzeiger mit einer verstellbaren Zeigerbuchse, die man vorsichtig mit einem passenden Vierkant, z.B. einem konischen Vierkantdorn in die korrekte Position drehen kann. Das muss aber vor allem bei zart gebauten Zeigern äußerst feinfühlig geschehen, damit sie uns diese Behandlung nicht im wahrsten Wortsinn „krumm" nehmen.

Abb. 188: Zeiger zum Richten der Zeigerbuchse auf einen Vierkant gesteckt

Verfügt der Minutenzeiger nicht über diese Zeigerbuchsen oder scheint deren Verstellung zu riskant, müssen wir entscheiden, ob wir diese Abweichung entweder als Altersmerkmal unserer Uhr dulden, oder durch einen Eingriff in das Auslösesystem beseitigen wollen. Dann würden wir die eingelaufenen Stifte am Minutenrad erneuern oder den Auslösehebel mit dem Hammer wie in Abb. 189 angedeutet minimal strecken. Eventuell empfiehlt es sich sogar, beides zu tun.

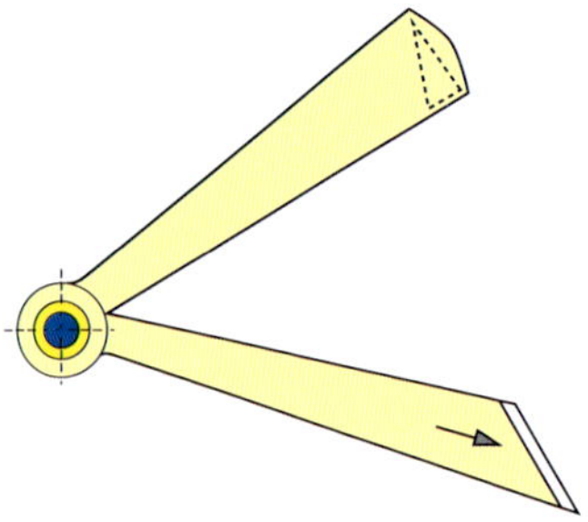

Abb. 189: Auslösehebel

Schlägt die Uhr zu spät, ist wahrscheinlich der Minutenzeiger durch das häufige Stellen im Uhrzeigersinn verbogen und kann dann entsprechend gerade gerückt werden, oder er hat sich auf der Zeigerbuchse verschoben, die dann wie beschrieben verstellt wird.
In der Situation, die Vierkantstellung des Minutenzeigers auf die Schlagauslösung abstimmen zu müssen, kann sich natürlich auch die Frage nach neuen Zeigern stellen, wenn der Vierkant am Minutenzeiger so stark ausgeweitet ist, dass der Zeiger keinen festen Halt auf dem Minutenrohr hat. Dann ist eine punktgenaue Schlagauslösung kaum einstellbar und außerdem neigt ein solcher Minutenzeiger dazu, sich mit dem Stundenzeiger zu verhaken.

Ganz brauchbaren Ersatz für Pendulenzeiger bietet der Handel in gebläutem Stahl mit drehbarer Zeigerbuchse für den Minutenzeiger, die ggf. noch an den Vierkant des Minutenrohres angepasst werden muss. Auch gegossene Messingzeiger in verschiedener Stilrichtung sind angeboten, meist sind aber die Zeigerlöcher noch herzustellen. Die überwiegende Zahl neuer im Handel angebotener Zeiger ist aber für elektrische Uhrwerke gedacht und aus Gewichtsgründen aus Aluminiumblech gestanzt. Sie verbiegen sich viel zu leicht und sind schon daher für mechanische Uhren ungeeignet, und zu einer alten mechanischen Uhren passen sie zeitgeschichtlich nicht.

Ein bis auf den Vierkant noch gut erhaltenes und originales Zeigerpaar sollte man möglichst retten, indem man dem Minutenzeiger eine neue Zeigerbuchse anpasst. Bei einfacheren Zeigern genügt manchmal schon eine Scheibe mit eingearbeitetem Vierkant, die mit Weichlot oder Sekundenkleber auf dem Minutenzeiger befestigt werden kann.

Einstellen der Klangkörper

Wenn Sie durch den Diagnoseschlüssel zu diesem Thema gefunden haben, besteht das aktuelle Problem vermutlich darin, dass der Hammer nicht den Klangkörper trifft. Bei einem Regulator oder einer Bodenstanduhr könnte das daran liegen, dass das Werk nicht fest genug auf dem Werkträger montiert ist und im Laufe der Zeit die Position zu der an der Gehäuserückwand befestigten Tonspirale verändert hat. Die richtige Position wird man dann ziemlich schnell finden, wenn man die Uhr schlagen lässt und dabei das Uhrwerk auf der Führung etwas vor und zurück bewegt.

Es kann aber auch sein, dass sich der Hammer in der Buchse, mit der er auf dem Vierkant der Hammerhebewelle steckt, gelöst hat. Das geschieht vor allem schon einmal bei gekröpftem Hammerdraht und besonders dann, wenn er mit Weichlot in die Vierkantbuchse eingelötet wurde. In so einem Fall werden wir ihn dann auch wieder weich einlöten müssen. Dazu bohren wir die Bohrung in der Buchse vorsichtig auf, um sie von oxidiertem Lötzinn zu befreien. Das einzulötende Ende des Hammerdrahtes verzinnen wir sauber mit Weichlot und führen es dann in die auf Löttemperatur erwärmte Buchse ein, wobei das Lot die Wärme aus der Buchse aufnimmt.

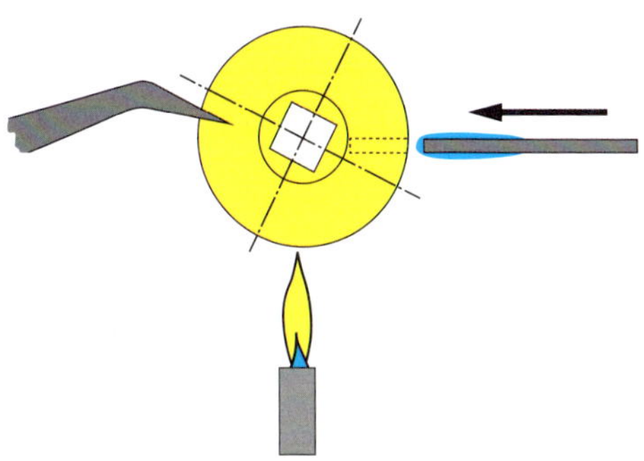

Abb. 190: Einlöten des Hammerdrahtes in die Befestigungsbuchse des Gonghammers

Um eine Oxidbildung zu vermeiden, haben wir vorher an beide zu verbindenden Teile etwas Lötfett gegeben. Sollte es erforderlich werden noch zusätzlich Wärme an den Draht zu bringen, geschieht das außerhalb der Verzinnung.

Den besten Klang wird die Uhr abgeben, wenn der Hammer in seiner tiefsten Ruhestellung den Klangkörper nicht berührt, zum Schlagen aber elastisch durchfedert, um die Glocke oder die Tonfeder nur kurz anzuschlagen. Das Durchfedern wird entweder dadurch bewirkt, dass ein Stift der Hammerwelle gegen einen an der Werkplatine befestigten Prallstift anschlägt (vgl. Seite 156, Abb. 141), oder der Hammerdraht schlägt gegen eine federnde Auflage an der Werkrückseite. In französischen Pendulen finden wir auch die in Abb. 191 gezeigte Variante. Die Fallbewegung des Hammers wird hier durch einen Prallstift begrenzt, der gegen die ausgesparte Fläche an der Befestigungsmuffe des Hammers stößt. Das Werk ist dabei so eingestellt, dass in dieser Position der Hammerhebestift nicht auf einem Hebnagel aufliegt.

Abb. 191: Begrenzung des Hammers durch einen Prallstift

Schließlich bestimmt auch noch die Stelle, an die der Hammer auf den Klangkörper auftrifft, den Klang. Eine Glocke sollte möglichst nahe am Rand angeschlagen werden, egal ob von innen oder außen. Bei Tonspiralen und Klangstäben ist die optimale Position durch die Konstruktion vorgegeben. Müssen diese einmal ersetzt oder nach einem Schaden am Gehäuse neu befestigt werden, müssen wir etwas experimentieren, um die günstigste Stelle für das Anschlagen des Hammers zu finden. Meist ist es am einfachsten, Korrekturen durch Verbiegen des Hammerdrahtes vorzunehmen. Das ist jedoch nicht ganz ungefährlich, da sich der Hammer dabei aus der Befestigungsmuffe lösen und im schlimmsten Fall dort auch abbrechen kann. Um das zu verhindern, entlasten wir die Verbindungsstelle, indem wir den Hammerdraht während des Biegens unmittelbar hinter der Befestigungsmuffe mit einer Zange fassen.

Die Herstellung von konischen Vorsteckstiften

Dieses Thema ist zwar nicht als Hilfethema im Diagnoseschlüssel aufgeführt, ist aber nicht ganz unwichtig, da erfahrungsgemäß Vorsteckstifte leicht verloren gehen, erst recht dann, wenn sie sehr fein sind, wie die zur Sicherung der Schlagwerkskadratur oder der Zeiger benötigten. Zwar gibt es konische Vorsteckstifte im Handel. Die sind aber erstens ziemlich teuer, und zweitens hat man nach einiger Zeit diejenigen, die man bevorzugt braucht, aus dem Sortiment herausgenommen. Ich habe mir angewöhnt,

Vorsteckstifte nach Bedarf jeweils selbst auf der Minibohrmaschine mit der Feile zu drehen.

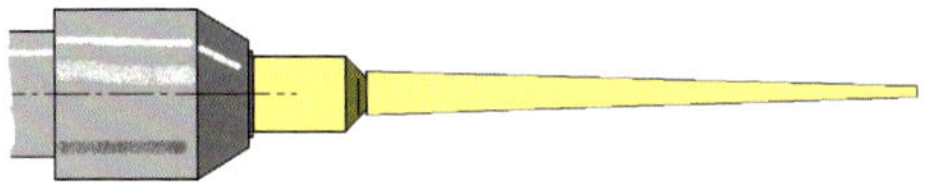

Abb. 192: Drehen eines konischen Vorsteckstiftes mit Sollbruchstelle

Sehr feine Vorsteckstifte lasse ich noch am Rundstab, und setze sie dann mit diesem in das vorgesehene Loch. Passt der Stift noch nicht ganz, kann er dann noch einmal in das Bohrerfutter eingespannt und nachbearbeitet werden. Ist der Stift in das Loch gesteckt, wird er dank der Einkerbung abgebrochen und mit der Zange vorsichtig festgedrückt.

Grundsätzlich halten wir die Werkstoffpaarung Messing/Stahl ein, denn damit verhindern wir, dass sich Stifte durch Korrosion unlösbar festsetzen. Dabei gilt der Grundsatz, dass ein Vorsteckstift, um so besser und sicherer hält, je schlanker er ist. Das Material, egal ob Stahl oder Messing, sollte ausreichend hart sein, um der Belastung beim späteren Ziehen standhalten zu können. Für Messingstifte kommt daher nur kaltgezogenes Rundmessing infrage. Das bekommen wir als Stangenmaterial ab 1 mm Durchmesser im Baumarkt und darunter im Modellbaugeschäft. Messingdraht ist viel zu weich und deshalb ungeeignet.

Vorsteckstifte aus Stahl kann man bei Bedarf aus Stahlnägeln drehen, die allerdings gut angelassen werden müssen, um sie überhaupt mit einer Feile bearbeiten zu können. Für sehr feine Exemplare, wie sie zum Arretieren der Teile der Kadratur des Schlagwerks gelegentlich benötigt werden, eignen sich durchaus auch Stahlstecknadeln, die kurz angelassen, ihre Sprödigkeit verlieren.

Ermittlung des richtigen Aufzuggewichtes

Über den Diagnoseschlüssel auf dieses Thema gestoßen, müssen wir uns darüber im Klaren sein, dass es keine gute Idee ist, das dort beschriebene Gangproblem mit schwereren, als den der Uhr ursprünglich zugedachten Gewichten zu lösen. Die Uhr würde möglicherweise wieder in Gang kommen, aber nur auf Kosten der Lager und Zapfen, deren Verschleiß oder Verschmutzung aller Wahrscheinlichkeit nach die eigentliche Ursache des Problems ist. Allenfalls lohnt sich die Kontrolle, ob vielleicht die Gewichte von Schlag- und Gehwerk, die durchaus unterschiedlich sein können, verwechselt wurden. Schließlich sollte man sich auch noch vergewissern, dass das Pendel frei schwingt und nicht etwa mit dem Gehäuse, oder Teilen des Schlagwerks in Berührung kommt.

Einer Uhr, die mit den vorhandenen Gewichten bisher einwandfrei ging, wird es wahrscheinlich an Öl mangeln, und sie wird nach einer sorgfältigen Reinigung und Ölung sicherlich wieder problemlos ihren Dienst tun, sofern kein gravierender Lagerverschleiß vorliegt.

Von Interesse kann die Frage nach dem richtigen Zuggewicht aber beim Neuerwerb einer alten Uhr sein, denn bei alten Uhren sind die Originalgewichte oft abhanden gekommen und durch solche ersetzt worden, die gerade zur Verfügung standen und nach dem Motto: „Uhr läuft!" für gut befunden wurden. Dazu ein Beispiel: Beim Kauf der auf Seite 81 abgebildeten Schwarzwalduhr (Abb. 89) schien sie mir in allen Details authentisch zu sein, auch die messingummantelten Bleigewichte passten optisch gut. Aber störend war der unangenehm harte Schlag auf die Tonspirale und ein übermäßig lautes Tickgeräusch. Mit dem Verdacht, die Gewichte – 1170 g für das Gehwerk und 680 g für den Schlag – könnten zu schwer sein, tauschte ich sie zunächst gegen zwei Gewichte von je nur 280 g aus, um mich, mit einem möglichst geringen Zuggewicht beginnend, an das optimale heran zu tasten. Tatsächlich marschierte die Uhr aber bereits mit diesen kleinen Gewichten problemlos und erfreut nun schon seit Jahren mit ihrem sanften Klang und angenehmen Ticken. Auch die Lager der Kettenräder freuen sich über diese enorme Entlastung.

Wenn Sie einmal in die Situation kommen, eine neue alte Uhr mit neuen Gewichten zu komplettieren, sollten Sie versuchen, mit möglichst leichten Zuggewichten auszukommen.

Um dem benötigten Energiebedarf allein bei Schwarzwalduhren optimal entsprechen zu können, variieren die typischen Tannenzapfengewichte aus Gusseisen in 50-g-Abstufungen zwischen 100 g und 2 kg. Gusseiserne Gewichte gibt es in sehr verschiedenen Formen und werden nach wie vor noch nach alten Vorbildern gegossen. Auch die klassischen messingummantelten Bleigewichte mit gegossenem Bleikern sind noch neben den üblichen verschraubbaren Messinghülsen, die man mit Bleigranulat genau austarieren kann, im Handel zu bekommen.

Bei unseren Überlegungen zur Bestimmung der Antriebsgewichte gingen wir stillschweigend von Pendeluhren aus und haben das Pendel genau so stillschweigend als einen isochronen Schwinger behandelt, was er aber nur theoretisch ist. Deshalb abschließend noch der Hinweis, dass der minimale Einfluss des Zuggewichtes auf die Frequenz des Pendels eine untergeordnete Rolle spielt, da wir in jedem Fall durch Veränderung der wirksamen Pendellänge entsprechend gegensteuern können. Ganz anders verhält es sich bei Gewichtsuhren mit Spindelgang und Waag. Hier wird der Gang im Groben sogar über das Zuggewicht bestimmt und erst in der Feinregulierung durch die Masseverteilung an der Waag (Seite 22 ff.) eingestellt.

Spiel im Minutenrohr

Im Zusammenhang mit Überlegungen zum Stellen der Zeiger (S. 100), hatten wir bemerkt, dass es Sinn macht, mehrstündige Abweichungen der Zeigerstellung vom Stundenschlag durch Versetzen des Stundenzeigers zu beheben, anstatt den Minutenzeiger viele Runden um das Zifferblatt zu drehen, weil dies auf Dauer den Reibschluss zwischen Minutenwelle und dem auf ihr haftenden Minutenrohr beeinträchtigt. Ist der Minutenzeiger zu leichtgängig, macht er sich möglicherweise durch sein Eigengewicht gegen die Ziffer 6 tendierend selbständig, weil die Zeigerwelle das Minutenrad nicht mehr zuverlässig mitnimmt, und das führt dann zu den besagten nervigen Falschaussagen bis hin zum Stillstand des kompletten Zeigerwerkes. Oft genügt es, den Minutenzeiger von außen ein Wenig gegen das Uhrwerk zu drücken, um das Minutenrohr wieder in Kontakt mit der konischen Zeigerwelle zu bringen. Andernfalls müssen wir das zuvor abgenommene Minutenrohr behutsam mit einer glatten Zange an der dafür vorgesehenen Stelle etwas verengen. Falls wir so nicht zurecht kommen, können wir auch beim Aufstecken des Minutenrohres ein feines Streifchen Plastik, oder – wie früher bei großen Uhrwerken üblich – einen feinen Span vom Kiel einer Gänsefeder mit einlegen.

Abb. 193: Minutenrohr mit Quetschstelle für den Reibschluss auf der Zeigerwelle

Alte Uhren – eine faszinierende Zeitgestaltung

Von Uhren geht seit jeher nicht nur deshalb eine Faszination aus, weil sie uns die Illusion vermitteln, mit ihnen die Zeit, eines der kostbarsten Güter unseres Lebens, im Griff zu haben. Der in sich geschlossene Mechanismus des ineinandergreifenden Räderwerkes, dessen Funktion vom Mittun aller in der ihnen vom „Meister" quasi schicksalhaft zugedachten Rolle abhängt, steht als Modell für ein bis ins 19. Jahrhundert hinein die Geisteswelt bestimmendes mechanistisches Weltbild. Und wenn es uns gelingt, ein „totgesagtes" Uhrwerk wieder zu einem funktionierenden zusammenzufügen, das dann wieder munter einer hoffnungsvollen Zukunft entgegentickt, dürfen wir uns durchaus mit bescheidenem Stolz der Genugtuung hingeben, hier der „ Deus ex machina" gewesen zu sein.

Doch sind am Ende dieses Buches noch viele Fragen offen geblieben, deren Beantwortung allerdings den auferlegten Rahmen gesprengt hätte, bestand doch eine Beschränkung darin, ein grundlegendes Wissen über das Gebiet mechanischer Großuhren zu vermitteln. Die Kenntnisse und Hilfestellungen waren exemplarisch konzipiert, bezogen sich deshalb weitestgehend auf Standardtypen alter Uhren und ihre Werke und sollen Ihnen nun ermöglichen, von dieser Basis ausgehend die Welt der mechanischen Uhren auf eigene Faust weiter zu erkunden und sich in ihr zurechtzufinden. So hoffe ich, dass zu diesen unbeantworteten Fragen viele neue hinzugekommen sind, und „Chronos" Ihnen genügend Motivation nach Antworten zu suchen mit auf den Weg in eine interessante, vielseitige, entspannende und erfüllende Freizeitbeschäftigung gibt.

Als Wegweiser in dieses Freizeitvergnügen steht uns eine umfangreiche Uhrenliteratur zur Verfügung. Eine Auswahl der Bücher, die mich bisher begleiteten und denen ich einen großen Teil meiner Kenntnisse verdanke, finden Sie im Literaturverzeichnis im Anhang. Die meisten dieser Bücher sind nur noch antiquarisch auf speziellen Märkten, Uhrenbörsen oder im Internet erhältlich.

Auch die Besichtigung von Sammlungen trägt dazu bei, die Kenntnisse über Uhren, ihre Technik und ihre kunstgeschichtliche Einordnung weiter zu festigen. Deshalb ein besonderer Hinweis an dieser Stelle auf den Führer zu über dreihundert Museen in Europa und Übersee, der Anschriften, Telefonnummern, Öffnungszeiten und Angaben über den Bestand an Exponaten macht und dazu noch viele sehr gute, teils farbige Abbildungen enthält.

Schließlich sind Kontakte zu gleichgesinnten Mitstreitern wie in jedem Freizeitbereich wichtig, möchte man doch seine Freude an einer Neuerwerbung oder einer geglückten Reparatur und überhaupt am Metier mit jemandem „vom Fach" teilen. Fachmessen, Uhrenbörsen und Antikmärkte bieten an, Neues (was für den historisch interessierten Sammler natürlich in erster Linie „Altes" bedeutet) zu entdecken, fachsimpeln zu können, sich mit Material und Werkzeug zu versorgen, aber auch einmal ein gutes Stück aus der eigenen Sammlung zu veräußern oder beim Ankauf mit ins Geschäft zu bringen.

Gedanken zum Aufbau einer Uhrensammlung

Der Aufbau einer Uhrensammlung ist vermutlich nicht das vorrangige Ziel Ihres momentanen Interesses an alten Uhren. Doch ergibt sich oft aus der Freude an dem einen oder anderen Objekt eine kleine informelle Kollektion, deren Erweiterung aber nicht selten durch die räumlichen Gegebenheiten begrenzt ist. Das könnte dann der richtige Zeitpunkt sein, aus dieser Ansammlung von Uhren eine Uhrensammlung zu machen, die unter einem eingrenzenden Thema stehend, sich an einem – wenn auch unerreichbaren – Ziel orientiert. Die Themenfindung wird sich im Regelfall aus Kernstücken der bisherigen Kollektion ergeben, kann aber auch ganz neuen Aspekten und Vorlieben entsprechen, aber muss sich dann natürlich auch an dem zur Verfügung stehenden Raumangebot orientieren. So wird eine Sammlung von Comtoise-Uhren in einer kleineren Wohnung schwer zu ertragen sein, obwohl das Sammeln dieses Uhrentyps, der über drei Jahrhunderte hindurch in epochetypischen Varianten gebaut wurde, sehr reizvoll sein kann. Eine umfangreichere Kollektion schöner alter Reiseuhren hingegen lässt sich schon in einer größeren Vitrine unterbringen.

In der Regel aber fordert eine Spezialsammlung von Großuhren einen eigenen Raum, in dem dann auch noch ein Werkplatz für das Aufarbeiten und die Pflege der Uhren seinen Platz haben kann. Die Möglichkeiten, eine Spezialsammlung aufzubauen sind vielfältig, und zu den allermeisten Spezialthemen wird der Uhrensammler ein umfangreiches Literaturangebot finden.

Der Entscheidung für ein Thema folgt nun nach und nach die Trennung von nicht mehr passenden Objekten, deren Verkauf oder Tausch dann nicht selten mit der bitteren Erkenntnis einhergeht, dass die damals so preisgünstig erworbenen Stücke zwar einem Marktwert entsprachen, aber irgendwie doch zu teuer waren. Diesen monetären Verlust sollte man zuversichtlich in die Zukunft schauend als „Lehrgeld" oder den Schaden, durch den man klug geworden ist, akzeptieren.

Nicht selten wird der Sammler auch in beschränktem Rahmen mit Uhren handeln, um Bewegung in seine Sammlung zu bringen. Dazu bieten sich Antikmärkte und vor allem die großen international bedeutenden Antikuhrenmessen an, auf denen prinzipiell jeder Uhrenliebhaber auch als Verkäufer auftreten kann. Um dort ein „Schnäppchen" machen zu können, empfiehlt es sich, frühzeitig zu erscheinen, denn die Händler, oft auch Sammler und Liebhaber, sind die ersten Kunden vor Ort.

Für Großuhren interessant sind auf jeden Fall die beiden Uhrenbörsen im Schwarzwald. Da steht einmal in langer Tradition die internationale Uhrenbörse in Furtwangen. Sie findet im Rahmen eines Stadtfestes jährlich am letzten Augustwochenende in den Räumen der Hochschule direkt neben dem Deutschen Uhrenmuseum von Freitag bis Sonntag statt. Zum anderen ist ein weiterer Höhepunkt die jährlich im April vielbesuchte Internationale Antikuhrenbörse in Eisenbach im Schwarzwald, dem Wirkungsort des bedeutenden schwarzwälder Uhrmachers *Johann Baptist Beha* (1815 bis 1898*). Eisenbach bietet zudem in seiner „Heimatstube Eisenbach" eine Sammlung von mehr als einhundert Schwarzwalduhren, die ein beredtes Zeugnis von der Bedeutung der Uhrenproduktion im Schwarzwald des 19. Jahrhunderts ablegt. Das von der Urenkelin des *Johann Baptist Beha* geführte Hotel „Bad" beherbergt zudem eine vom Meister selbst gefertigte monumentale Weltzeituhr mit 2,5 m langem und 65 kg schwerem Kompensationspendel.

Abb. 194: „Ruhe vor dem Sturm"
Foto: Internationale Uhrenbörse in Eisenbach

*) Abeler, Jürgen, Meister der Uhrmacherkunst, Wuppertal 2. Auflage 2010

Ebenfalls von internationaler Bedeutung ist seit vielen Jahren die stets sehr gut besuchte „Rikketik Uurwerkenbeurs" im niederländischen Houten nahe Utrecht. Sie wird im „Expocenter Houten" von der Niederländischen Vereinigung „De Rikketik" viermal jährlich ausgerichtet. Auch hier erhält der Sammler und Restaurator feinst aufgearbeitete Antikuhren, solche, die mit mehr oder weniger Aufwand restauriert werden müssen, Uhrwerke und Zubehör, Werkzeug und Gerätschaft für das Uhrmacherhandwerk, Material, Hilfs- und Werkstoffe sowie Literatur zu allen Gebieten rund um die Uhr.

Auf den drei vorgenannten Uhrenbörsen sind jedenfalls antike Uhren allerart noch zentrales Ausstellungsthema, während sich die Armbanduhr auf den meisten Uhrenmärkten immer mehr behauptet.

Obwohl der Antiquitätenhandel, auch der auf antike Uhren spezialisierte, wegen der dort üblichen und sicherlich auch berechtigten Preiskalkulation für den eingefleischten Sammler in der Regel keine lohnende Bezugsquelle ist, bietet sich ihm auch dort, sofern er sich auf einige Reparaturen versteht, doch ab und an die Gelegenheit, zu noch akzeptablem Preis an eine defekte, aber für ihn reparable Uhr zu kommen, die sonst jenseits seiner finanziellen Möglichkeiten liegt. So lohnt es sich, bei Reisen mit dem Auto vor allem auch in Belgien, Holland oder Frankreich hin und wieder einmal einen Blick in die sich ihm unterwegs anbietenden Trödlerläden oder Antiquitätengeschäfte zu riskieren.

Seit Jahren schon offeriert das Internet mit diversen Auktionsportalen dem Sammler und Händler ein schier unendliches Forum zum Kaufen und Verkaufen. Da trifft man auf Gelegenheitsverkäufer von „Dachbodenfunden", professionelle Händler und auch ambitionierte Sammler.

Der Kauf bei einem gewerbsmäßigen Händler ist dank der gesetzlich geregelten Rückgabemöglichkeit meist unproblematisch. Dennoch sollte man sich, sofern möglich, ein teures Objekt vor der Abgabe eines Gebotes ansehen, erst recht beim Ersteigern eines teuren Privatangebotes, weil hier die Rückgabemöglichkeit fast immer ausgeschlossen ist. Auch sollte man sich bei einem teuren Objekt nicht genieren, nach dessen Herkunft zu fragen.

Gut beraten ist, wer seine Sammelfreude mit Gleichgesinnten teilen kann. Ein Forum zum Kennenlernen von „Leidensgefährten" bietet die in Fach- und Regionalkreise gegliederte Deutsche Gesellschaft für Chronometrie. Die DGC verfügt über eine umfangreiche Fachbibliothek und informiert ihre Mitglieder mit einer Jahresschrift sowie den vierteljährlich erscheinenden DGC-Mitteilungen.

Was eine „antike" Uhr wert ist

Die marktregelnde Beziehung von Angebot und Nachfrage gilt natürlich auch für alte Uhren. Präzisiert durch den Aspekt der Verkaufssituation würde sie lauten: Eine alte Uhr ist soviel wert, wie jemand in dem Augenblick, in dem ich sie verkaufen möchte, bereit ist, für sie zu zahlen. Ob dieser Augenblick ein glücklicher ist, hängt sehr davon ab, wer ihn bestimmt, der Verkäufer oder der Interessent, der diese Uhr gerade zu diesem Zeitpunkt sucht. Dennoch ergibt sich für fast jeden Uhrentyp durch den Handel auf Märkten und Auktionen ein ungefährer Preisrahmen. Wer hier auf dem Laufenden bleiben möchte, sollte regelmäßig die Ergebnislisten der Auktionshäuser studieren und Märkte besuchen.
Die Kataloge der Auktionshäuser bereichern die Sammlung mit in der Regel hervorragenden Abbildungen, sind aber auch entsprechend teuer. Nach erfolgter Auktion werden die Ergebnislisten oft auch online herausgegeben, allerdings ohne Bilder und meist auch ohne Beschreibung, sondern lediglich mit der Nummer des versteigerten Objektes.

Für Uhren im Preissektor bis ca. 4000 Euro lässt sich die aktuelle Preissituation sehr gut durch regelmäßiges Beobachten der Verkaufsergebnisse der Internetauktionen einschätzen. Die Preisangaben zu Sofortkaufangeboten sind allerdings weniger interessant, da viele Anbieter, auf die Unkenntnis oder Unerfahrenheit der Käufer setzend, überzogene Preise fordern.
In den letzten Jahren haben sich die Preise einfacherer Uhren des 19. und 20. Jahrhunderts nach unten entwickelt. Einfache Regulatoren mit Federzug, für die vor 15 bis 20 Jahren auf Antik- und Trödelmärkten noch 500 bis 700 DM verlangt wurden, werden inzwischen unter 100 Euro angeboten. Ein ähnlicher Preisverfall hat die Masse der Marmorpendulen, Wand- und Bodenstanduhren der Gründerzeit und der Jahre danach getroffen. Ein Hauptgrund ist neben der anhaltend angespannten wirtschaftlichen Situation im Abebben der Nostalgiewelle zu sehen, auf der die jüngere Generation offenbar nicht mehr mitschwimmt. Wer Freude an Uhren aus diesem unteren Preissektor hat, sollte jetzt zugreifen, aber wirklich nur aus reiner Freude an solchen Uhren, denn mit einem Preisanstieg wie in den 70er und 80er Jahren ist auf lange Sicht nicht zu rechnen.

Einigermaßen preisstabil sind gut gearbeitete Bronzependulen, frühe Reiseuhren, Uhren mit besonderen Indikationen, die klassischen Wiener Gewichtsregulatoren, Stockuhren des Barock und Rokoko, um nur einige der Uhrentypen zu nennen, die vielleicht noch in der Reichweite des Etats eines „mittelmäßigen" Sammlers liegen.

Mariagen, Restaurierungen und Fälschungen

Alter, Seltenheit, Erhaltungszustand und Authentizität der Uhr in allen Teilen bestimmen nicht nur im Wesentlichen ihren Preis, sondern stimulieren darüber hinaus den Nachahmungsdrang insbesondere fernöstlicher Produzenten, die den Antikmarkt in letzter Zeit mit zum Teil sehr guten Repliken überschwemmen. Obwohl die meisten Händler, die auf Uhrenbörsen derartige Uhren anbieten, die Herkunft und das Plagiat nicht verschweigen, ist dennoch äußerste Vorsicht geboten. Ob Jugendstiluhren mit Bronzefiguren oder französische Reiseuhren des 19. Jahrhunderts, es gibt offensichtlich nichts, was gut und teuer ist und nicht wie schon zu allen Zeiten kopiert und gefälscht wird. Neu an der Situation ist aber, dass z.B. für den chinesischen Fälscher „teuer“ schon da anfängt, wo sich früher eine Fälschung niemals gelohnt hätte und dass jetzt Fälschungen überraschend in einem Preissegment auftauchen, wo man sie überhaupt nicht erwartet. Auf der Suche nach einem Echappement mit Ankergang bot mir jüngst ein Händler eine französische Reiseuhr in glänzend poliertem und allseitig mit Facettenschliff verglastem Messinggehäuse für nur 130 Euro mit der Bemerkung an, ich könne ja das Echappement daraus verwenden, billiger bekäme ich es sonst auch nicht. Die Uhr war mit der Angabe „Made in France“ auf dem Zifferblatt natürlich eine glatte Fälschung.

Skepsis ist immer dann angebracht, wenn eine „antike“ Uhr wie in neuem Glanz erstrahlt. Die alte Feuervergoldung, die heute wegen des dabei verdampfenden Quecksilbers nicht mehr zulässig ist, hat einen ganz eigenen Charme, der mit der neuzeitlichen galvanischen Vergoldung nicht erreicht werden kann. Mit geübtem Blick kann man die Unterschiede gut erkennen. Alte Uhren haben ganz typische Gebrauchsspuren, die sich künstlich nicht darstellen lassen, obwohl es versucht wird. Die französischen Bronzependulen stellten mit ihren oft hochwertigen Plastiken in ihrer Epoche hohe Anforderungen an Gestaltung, Form- und Gießtechnik, Oberflächenbearbeitung und Vergoldung. Heute ist es ein Leichtes, diese Gehäuse mit Silikon abzuformen und per Feingießtechnik zu fertigen, oder als Galvanoplastiken zu reproduzieren.

Wer Geld für eine wertvolle alte Uhr ausgibt, will diese Investition natürlich auch als einigermaßen wertstabil angelegt wissen. Deshalb sollte man beim Kauf sicher beurteilen können, ob eine Uhr auch in allen ihren Teilen authentisch ist. Der Händler auf dem Antikmarkt ist dazu oft nicht in der Lage und leider auch nicht immer willens, sich zu dieser Frage zu äußern.

Ein Problem stellen in diesem Zusammenhang die so genannten Mariagen (Mariage = französ. Ehe) dar, womit antike Uhren gemeint sind, in denen sich Teile verschiedener Uhren zu einer neuen Uhr ergänzen. Hochzeiten dieser Art finden nicht selten zwischen Uhrwerk, Zifferblatt und Gehäuse statt, wobei Zeiger, Pendel und ausschmückende Appliken munter mitspielen können. Sind alle diese Teile in Stil und Technik authentisch, ist solch eine Mariage oft schwer zu entlarven. Nichtbesetzte Löcher in der Trägerplatine für das Zifferblatt sind z.B. ein Indiz dafür, dass einmal das Originalzifferblatt ersetzt wurde, da die Befestigungsfüßchen neuer Zifferblätter fast nie mit den vorhandenen Löchern übereinstimmen. Unbesetzte Löcher in Werkplatinen weisen auf Umbauten, wie den Umbau von Spindel- auf Ankergang hin. Eher erkennbar sind Mariagen von Uhrwerk und Gehäuse, wenn sie unterschiedlichen Epochen oder verschiedenen regionaltypischen Konzeptionen angehören. So war es kürzlich für einen Bekannten eine bittere Enttäuschung zu erfahren, dass in seine alte Bergische Bodenstanduhr, die er grundsätzlich zutreffend als wertvolle und gesuchte Uhr ansah, das Herz einer typischen Schwarzwalduhr implantiert wurde.

Mariagen stellen stets einen herben Wertverlust dar, weil sie für den historisch interessierten Sammler kaum von Interesse sind. Anders steht es da um Restaurationen, die im Sinne der Konservierung eines historischen Objektes durchgeführt, auch materiell lohnend sind.

Restaurierungen sollten ausschließlich dazu dienen, den Originalzustand einer Uhr zu erhalten oder ihn wiederherzustellen, wobei das Letztere umstritten ist. Es kommt dabei natürlich sehr auf den jeweiligen Fall an. Der erwähnte Umbau einer Spindeluhr auf Ankergang zum Beispiel, vorgenommen in der Zeit, als der Ankergang durch *William Clement* eingeführt wurde, dokumentiert natürlich auch ein Stück Uhrengeschichte, das durch einen Rückbau, so gut er auch gelingen mag, verloren ginge. Sicher wäre es im Sinne der Restaurierung aber legitim, einen nachträglich einmal von Glocke auf Tonspirale umgebauten Schlag auf den ursprünglichen Schlag zurückzubauen, sofern sich aus Markierungen und Spuren oder anhand entsprechender Vergleichsbeispiele eindeutige Rückschlüsse auf den Originalzustand und die Vorgehensweise bei der Rekonstruktion ziehen lassen. Eine Restaurierung, egal ob an Werk oder Gehäuse, setzt eine sorgfältige Planung voraus. Sie beginnt mit der Recherche des Originalzustandes, ohne dessen genaue Kenntnis sie unsinnig wäre. Wer hier bereits unsicher ist, sollte sich fachmännischen Rat holen und nichts übereilt tun. Der Ehrgeiz selbst zu restaurieren hat schon so manches gute Stück verdorben, weil die „Restaurierung" zu sehr dem eigenen Geschmack und nicht dem historischen Vorbild folgte. Je wertvoller eine Uhr, desto größer ist dann neben dem Verlust an historischem Wert natürlich auch der angerichtete materielle Schaden. Im Zweifelsfall ist man also auf der richtigen Seite, wenn man die Uhr in ihrem Zustand belässt, das Werk reinigt und das Gehäuse schonend von Schmutz befreit, wobei Gebrauchsspuren, die ja einen Teil des historischen Wertes dokumentieren, keinesfalls entfernt werden dürfen. Die in diesem Buch unter „Betrieb und Instandhaltung" (Seite 90 ff.) und die in „Hilfethemen zur Beseitigung von Betriebsstörungen" (Seite 140 ff.) beschriebenen Arbeiten und Reparaturen entsprechen diesem Grundgedanken des Konservierens ohne Veränderung des authentischen Zustandes und tragen somit dem Interesse des Uhrenliebhabers und Sammlers Rechnung, der im Gegensatz zu Uhrenmuseen verständlicherweise gerne möchte, dass seine Uhren auch in all ihren Funktionen zeigen, was sie können.

Zur Dokumentation einer Sammlung

Meine persönliche „Sache mit Chronos" begann mit der Reparatur einer eigentlich nicht besonders wertvollen Uhr, die mir aber schon in der Kinderzeit ans Herz gewachsen war. Heute klingelt, gongt und tickt eine ansehnliche Ansammlung alter und älterer Uhren in fast allen Räumen. Da gibt es immer Arbeit, neue und solche, die auf der „langen Bank" auf Erledigung wartet, seien es die unpassenden Zeiger an der Wiener Tafeluhr, für die ich noch neue Zeiger anfertigen möchte, oder das Weckerwerk in der Bodenstanduhr, das schon seit Ewigkeiten auf eine Revision wartet, oder die längst überfällige Reinigung anderer Exemplare. Zur Pflege einer Sammlung gehört aber mehr als die Instandhaltung oder eine gelegentliche Reparatur. Eine Uhrensammlung sollte unbedingt in einer umfassenden Beschreibung mit entsprechenden Belegfotos dokumentiert sein und Auskunft über die einzelnen Exponate, deren Stil, Technik, Besonderheiten, ihre Zuordnung zueinander, ihre Einordnung in die Entwicklungsgeschichte der Zeitmessung und natürlich auch über ihre eigene Geschichte geben können. Neben Aufzeichnungen zu durchgeführten Reparaturen und Restaurierungsarbeiten ist es auch oft eine sehr reizvolle und interessante Aufgabe, nach Hersteller und Vorbesitzern zu forschen. Manche Uhr hat ein bewegtes Leben hinter sich, dessen Ereignisse ihre Spuren hinterlassen haben. Zur „Spurensicherung" und überhaupt zur allgemeinen Dokumentation der Uhr und ihres Zustandes gehört auch eine die äußere Uhr und das Uhrwerk in allen Ansichten wiedergebende Fotoserie. So entsteht nach und nach für jede Uhr eine aussagefähige Akte, die der Sammlung , wenn auch in der Rubrik „Ehemalige", als eine wichtige Informationsquelle erhalten bleibt und als zusammenhängende Sammlungsbeschreibung später, wenn die Sammlung einmal aufgelöst oder veräußert werden muss, an die schöne Zeit mit den alten Uhren erinnert.

Am Ende angekommen hoffe ich, dass Ihnen meine sehr persönlichen Erfahrungen geholfen haben, einen grundlegenden Einblick in das nun nicht mehr unbekannte Wesen mechanischer Uhren und den Umgang mit ihnen zu gewinnen. In diesem Sinne wünsche ich Ihnen weiterhin viel Freude an der „Sache mit Chronos".

Uhrenliteratur

ABELER, JÜRGEN

„Meister der Uhrmacherkunst", Wuppertal 2.Auflage 2010
ISBN 978-3-00-030830-7

ABELER, JÜRGEN

„Ullstein Uhrenbuch", Frankurt/Main-Berlin-Wien 1975
ISBN 3-550 17462 4

ACKERMANN, HANS CHRISTOPH

„Die Uhrensammlung Nathan-Rupp im Historischen Museum Basel",
Basel 1984 – ISBN 3 7667-0724-8

BALLWEG, MANFRED

„Bruckmanns Uhren-Lexikon" 2. neubearb. und erw. Aufl. München1980
ISBN 3 7654 1825 0

BASSERMANN-JORDAN,VON, ERNST

„Uhren", Braunschweig 1966

FLEET, SIMON

„Uhren", Deutsche Ausgabe, Frankfurt a.M. und Stuttgart

HANKE, JULIUS

„Die Uhrmacherlehre", Reprint, Königswinter 2007
ISBN 978-3- 89880-660-2

HELD, PETER

„Uhrenbau – Ein Werkbuch Anleitung zum Bau einer mechanischen Wanduhr"
ISBN 978-3-941539-22-8

KRIEG, HELMUT

„Uhrmacher im Bergischen Land", Köln 1994
ISBN 3-7927-1478-7

JAGGER, CEDRIC

„Wunderwerk Uhr", Deutsche Ausgabe Zollikon 1977
ISBN 0 600 34027 9

JENDRITZKI, HANS
„Reparatur antiker Pendeluhren"
ISBN 978-3-9810461-7-5

KOCH, RUDI (Hrsg.)
„BI-LEXIKON Uhren und Zeitmessung" Leipzig 1989
ISBN 3-323-00100-1

KRUMM, GUSTAV-ADOLF
„Leitfaden für den Fachunterricht an Uhrmacher-Fachschulen und Fachklassen sowie zum Selbstunterricht Teil I-VIII" – ISBN 978-3-941539-24-2

LEHOTZKY, LUDWIG
„Technische Grundlagen der mechanischen Uhren"
ISBN 978-3-9809557-3-7

LÜBKE, ANTON
„Das große Uhrenbuch", Tübingen 1977
ISBN 3 80 30 6006 0

MARTINEK, ZDENĚK und ŘEHOŘ, JAROSLAV,
„Mechanische Uhren" Prag 1968
Deutschsprachige bearb. Ausgabe, VEB Berlin 1978

MÜHE, RICHARD
„Uhren und Zeitmessung" Furtwangen 1974

OSTERHAUSEN, VON, FRITZ
„Callweys Uhrenlexicon", München 1999
ISBN 3-7667-1353-1

PFEIFFER-BELLI, CHRISTIAN und KONRAD, CHRISTOPH B.
„Uhrenmuseen", München 1992
ISBN 3-933203-09-0

SCHINDLER, GEORG
„Antiquitäten – Uhren", München 1975
ISBN 3-453-41118-8

SMITH, ERIC
„Reparieren alter Uhren", München 5. Auflage 1985
ISBN 3-7667-0774-4

SMITH, ERIC UND BRIAN
„Standuhren reparieren"
ISBN 978-3-941539-03-7

STERN, MICHAEL (Hrsg.)
„Großuhr-Schlagwerke in der Reparatur"
ISBN 978-3-941539-36-5

TYLER, J.S.
„Schöne alte Uhren", Bayreuth 1976

ZELLER, ALFRED P.
„Uhren" , deutschsprachige Ausgabe Herrsching/Ammersee 1980
ISBN 3-8075-1043-5

Bildnachweis

Mit der freundlichen Genehmigung des Historischen Museums Basel sind folgende Exponate aus der Uhrensammlung ***NATHAN-RUPP,*** veröffentlicht in

ACKERMANN, HANS CHRISTOPH
„Die Uhrensammlung Nathan-Rupp im Historischen Museum Basel“, fotografiert von *Maurice Babey*

als Bildzitate fototechnisch reproduziert wiedergegeben:

Abb. 17
„Türmeruhr mit Wecker“
Inventar-Nr. 1982.1213

Abb. 59
„Große silberne Kutschenuhr“
Inventar-Nr. 1982.1239

Mit Ausnahme der o.g. Bilder liegen alle in diesem Buch veröffentlichten Fotos und Grafiken urheberrechtlich beim Autor

Stichwortverzeichnis

G

H

I

J

K

L

M

N

O

P

Q

R

S

T

U

V

W

Z

Faszination Uhren

Armbanduhren Katalog 2021/2022

DAS DEUTSCHLANDWEITE STANDARD-KOMPENDIUM für Uhrmacher, Sammler und Uhrenfans!

In dieser aktualisierten Ausgabe präsentieren wir Ihnen dieses Jahr wieder eine professionelle Übersicht der Uhren-Szene und laden sie zum Stöbern und Schwelgen ein. Uhren-Koryphäe und Chefredakteur des renommierten Magazins ARMBANDUHREN, Peter Braun, bereitet in gewohnt souveräner Manier 120 Uhrenmarken in mehr als 1200 Uhrenportraits, Modellneuheiten und Kollektionsklassiker auf - inkl. genauer Preisangaben, Funktionen und technischer Daten.

304 Seiten, 1.300 Abbildungen,
210 x 297 mm, Softcover
EUR 19,90
Bestell-Nr. 668297

Die Noblen aus der Schweiz

208 Seiten, 300 Abbildungen,
230 x 310 mm, Hardcover mit Schutzumschlag
EUR 35,–
Bestell-Nr. 665682

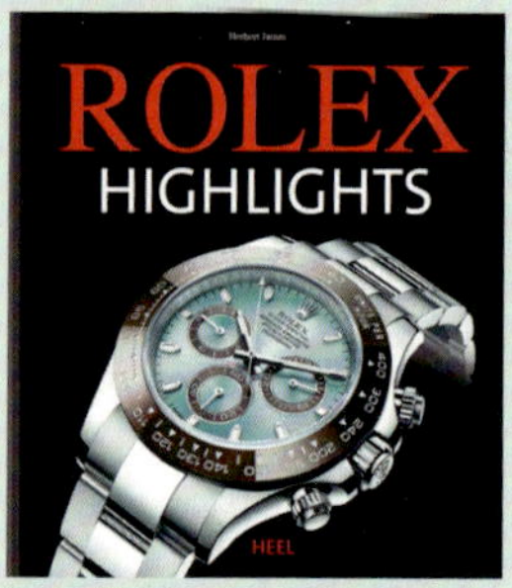

Rolex Highlights

96 Seiten, 150 Abbildungen,
215 x 230 mm, Hardcover,
Deutsch/Englisch
EUR 14,99
Bestell-Nr. 666707

Kultobjekt & Wertanlage

256 Seiten, zahlreiche Abbildungen,
230 x 310 mm, Hardcover mit Schutzumschlag
EUR 89,90
Bestell-Nr. 666394

Die deutschen Uhrenmarken im Porträt

160 Seiten, 365 Abbildungen,
222 x 277 mm, Hardcover
EUR 19,99
Bestell-Nr. 667158

Rolex – Eleganz, Präzision und Innovation

Mit wundervollen Fotos und den Texten zweier Experten von Weltruf feiert dieses Buch die bekanntesten und berühmtesten Uhren der legendären Uhrenmanufaktur. Mit vielen Informationen für Enthusiasten und Sammler, unter anderem sagenhafte Auktionsergebnisse für die Klassiker aus der Schweiz.

Buch im hochwertigen Schuber

152 Seiten, zahlreiche Abbildungen,
240 x 240 mm, Hardcover
EUR 39,95
Bestell-Nr. 667600

Klassische Armbanduhren

160 Seiten, 1000 Abbildungen,
210 x 297 mm, Softcover
EUR 9,99
Bestell-Nr. 667376

Die erfolgreichsten Armbanduhren

256 Seiten, 600 Abbildungen,
222 x 275 mm, Hardcover
EUR 14,99
Bestell-Nr. 666953

Unser komplettes Programm erhalten Sie in jede

Leitfaden für die Uhrmacherlehre
554 Seiten, 200 Abbildungen, 148 x 210 mm, Hardcover
EUR 24,99
Bestell-Nr. 667035

Das ABC des Uhrmachers
264 Seiten, 143 x 195 mm, Hardcover
EUR 19,99
Bestell-Nr. 667585

Uhrenlehre
324 Seiten, 152 Abbildungen, 153 x 215 mm, Hardcover
EUR 19,99
Bestell-Nr. 667388

Fachkunde für Uhrmacher
272 Seiten, 175 x 245 mm, Hardcover
EUR 28,–
Bestell-Nr. 668108

Die Werkstattarbeit des Uhrmachers
80 Seiten, 158 x 216 mm, Hardcover
EUR 14,99
Bestell-Nr. 668304

Grundlegende Kenntnisse der Uhrmacherei
144 Seiten, zahlreiche Abbildungen/Grafiken, 153 x 215 mm, Hardcover
EUR 17,99
Bestell-Nr. 667221

Grundriß vom Aufbau einer Uhr
266 Seiten, 200 Abbildungen, 148 x 210 mm, Hardcover
EUR 24,99
Bestell-Nr. 666829

Die Reparatur komplizierter Armband- und Taschenuhren
144 Seiten, 150 x 215 mm, Hardcover
EUR 14,99
Bestell-Nr. 667800

Die Schwarzwalduhr
288 Seiten, 220 x 285 mm, Hardcover
EUR 24,99
Bestell-Nr. 667794

Die Uhr und ihre Funktionen
112 Seiten, 120 Abbildungen, 170 x 240 mm, Hardcover
EUR 14,99
Bestell-Nr. 666506

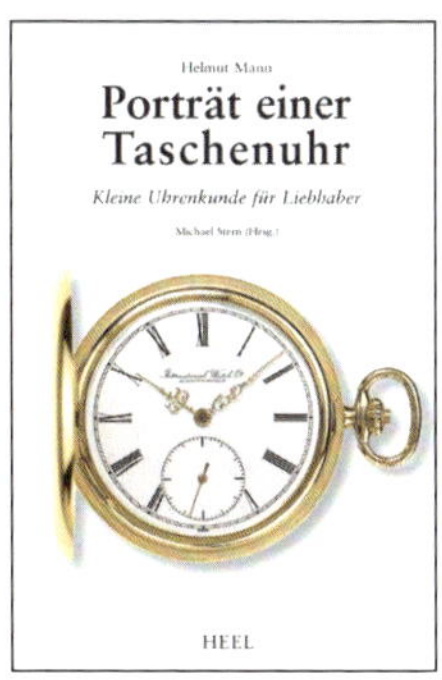

Porträt einer Taschenuhr
80 Seiten, 80 Abbildungen, 170 x 240 mm, Hardcover
EUR 19,99
Bestell-Nr. 666019

Die Uhrmacher Lehre
340 Seiten, 169 Abbildungen, 140 x 220 mm, Hardcover
EUR 24,99
Bestell-Nr. 665660

uchhandlung oder unter www.heel-verlag.de

Historische Uhrenbücher

Alle Infos über unsere Reprints und Neuerscheinungen unter:
www.uhrenliteratur.de

Eine kleine Auswahl:

Jendritzki/Stern
Der Uhrmacher an der Drehbank
DIN A4, ISBN 3-9809557-0-2

Jendritzki/Stern/Heydt
Die Armband- und Taschenuhr in der Reparatur – Handbuch für Uhrmacher und Uhreninteressierte
ISBN 3-9809557-1-0

Lehotzky
Technische Grundlagen der mechanischen Uhren von der Turm- bis zur Armbanduhr
ISBN 3-9809557-3-7

Petzold
Das Handwerk des Uhrgehäusemachers
ISBN 978-3-941539-02-0

Stern (Hrgs.)
Diebeners Uhrmacher-Kalender/Jahrbuch 1925–1968
ISBN 978-3-941539-20-4

Jendritzki
Die Feinstellung einer Unruh-Uhr
ISBN 978-3-941539-15-0

u. v. m.

Historische Uhrenbücher
Florian Stern
Baseler Str. 83A
12205 Berlin
Deutschland

www.uhrenliteratur.de
bestellung@uhrenliteratur.de
Tel.: 0049 (0)30 83203842
Fax: 0049 (0)30 83202674